Big book sudoko puzzle

Easy to Very Hard Level

copyright 2022 © esland press

table of contents:

easy puzzles:4

medium puzzles:30

hard puzzles:44 very hard puzzles:57

How do you play Sudoku for beginners?

- Step 1: Know the sudoku grid.
- Step 2: Know the rules.
- Step 3: Find squares that can only be one number.
- Step 4: Use the numbers you fill in to reveal more squares.
- Step 5: Pencil in candidates.
- Step 6: Repeat until you've solved the puzzle.

Please support me with a good review of the book 🙏

Easy

Easy 1

	2	5				4	7	8
	6		5		1			2
		1	6	5	3		8	
		6		8		3		
	5		4	9	7	2		
5			7		6		2	
3	7	4				8	6	

Easy 2

		1		9				4
							6	8
6			3	4	2			9
			7	5		9	1	
	9						3	
	3	7		2	9			
7			1	3	6			5
4		2						
3				7		8		

Easy 3

		6	9			8	3	
	4			3		2		7
			8			9		
				4		5		6
7			2		6			3
4		8		5				
		2			1			
9		4		6			5	
	8	5			3	1		

Easy 4

	3		1			8	7	
				4			9	
	1	6	5					4
			7	2		5		9
	7						6	
9		4		3	6			
1					3	6	4	
	2			9				
	4	5			1		3	

Easy 5

				5	7			4
6		7	1				3	
9					2	1		
8					1	7		3
			5	7	3			
5		3	2					6
		6	3					2
	5				6	9		1
7			9	4				

Easy 6

5	4		9	8			6	
9								1
3	8		4	1				
8	1	5						
4				7				8
						5	1	9
			2	9			3	5
2								6
	3			5	1		4	7

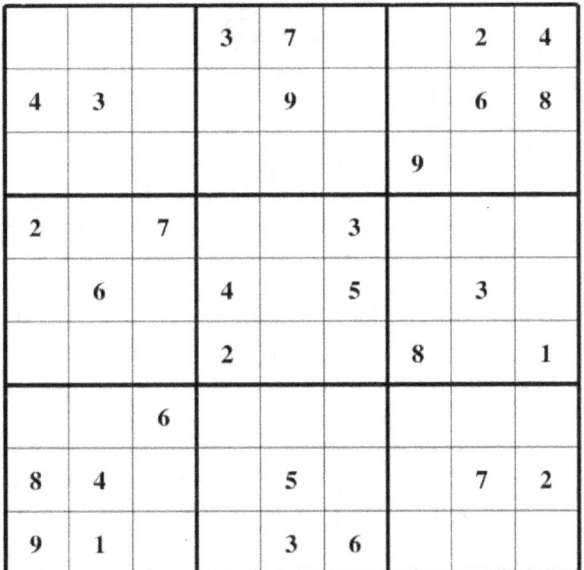

Easy 7

			3	7			2	4
4	3			9			6	8
						9		
2		7			3			
	6		4		5		3	
			2			8		1
		6						
8	4			5			7	2
9	1			3	6			

Easy 8

			2		9	3		
1	4			3			6	
		9		8				
	5	3	4		6	8		
8				7				5
		6	5		8	7	1	
				6		4		
	7			9			2	6
		4	8		2			

Easy 9

			7			3	1	
3	9				2			
6			9	3			4	
	8	1	5				2	
		3		7		8		
	2				1	6	9	
	3			4	7			2
			1				7	8
	7	8			9			

Easy 10

	9					1		5
		5	1	3		9	2	
7				8		4		6
		8					4	
			9	6	3			
	2					7		
2		4			8			1
	6	3		4	2	5		
9		7					6	

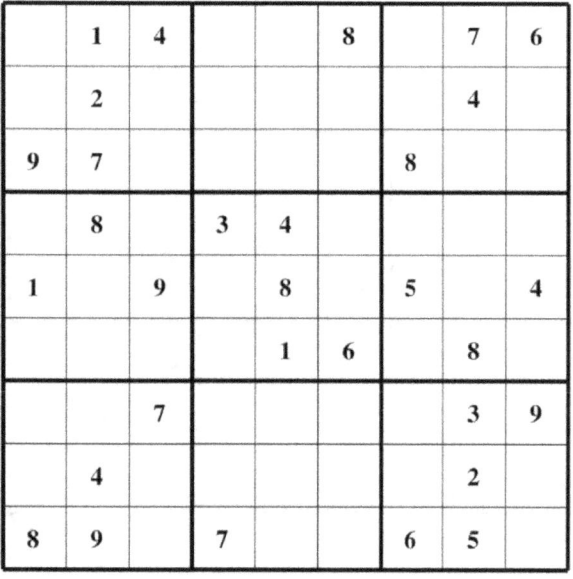

Easy 11

	1	4			8		7	6
	2						4	
9	7					8		
	8		3	4				
1		9		8		5		4
				1	6		8	
		7					3	9
	4						2	
8	9		7			6	5	

Easy 12

	1	7						
6				5	2			
	9	5	6					8
3				7	4			
7		8	9		6	5		2
			2	3				9
8					5	1	7	
			8	6				4
						8	6	

Easy 13

					2	9		
6			4		3	1		
2		1			7			
	6	5	2		9		8	
	2			6			4	
	3		5		1	6	2	
			8			4		7
		8	7		4			3
		6	1					

Easy 14

6	1	3						4
			4	7		2		
2					6		9	
4		1	3			8		
			9	5	8			
		8			2	3		5
	4		2					8
		6		3	4			
5						4	7	2

Easy 15

		8	4			3	6	9
4				5				1
1						4		2
				6	7		3	
	7						9	
	4		8	9				
2		4						7
6					4			8
7	8	1			9	5		

Easy 16

2	3		1		9			
1		7			4			8
				6		2	7	
		3			5			6
4								7
7				6		3		
	9	1		5				
8				2			1	9
			9		6		5	4

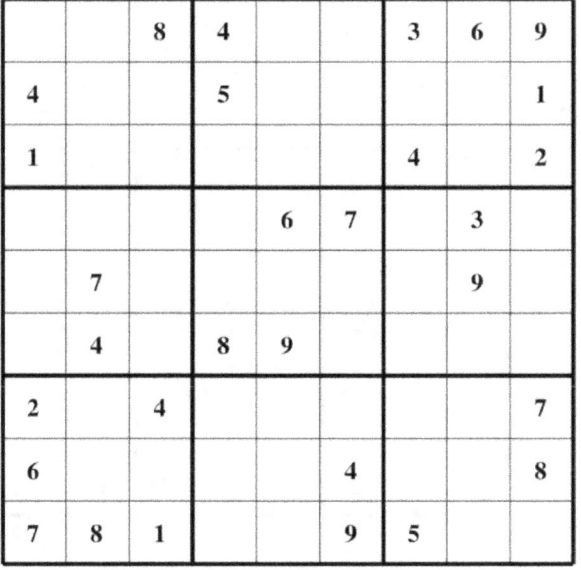

Easy 17

3		4			8			
	2		1				4	5
	7			6	2			3
			3	4		1		
		9		8		5		
		2		1	6			
2			8	5			3	
5	4				9		2	
			7			6		1

Easy 18

8	7			1			6	
3			8					
		2				3	8	
	4	9		2	8			6
2				6				8
1			3	7		2	9	
	8	7				6		
				4				3
	3			5			7	1

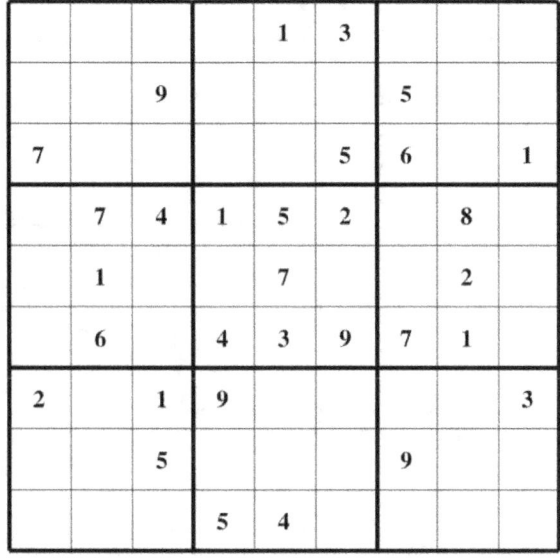

Easy 19

				1	3			
		9				5		
7					5	6		1
	7	4	1	5	2		8	
	1			7			2	
	6		4	3	9	7	1	
2		1	9					3
		5				9		
			5	4				

Easy 20

	2	5	6	8		3		
8		1			3			
							8	
		9		6		2		8
	1		7		2		4	
2		7		3		5		
	6							
			8			1		7
		3		9	4	6	5	

Easy 21

		6					8	7
			4	7			6	9
	2		1	8		3		
8		3	9					4
1					8	5		6
		2		1	9		3	
5	1			6	3			
9	3					6		

Easy 22

	9	8		1				5
		2				3	1	9
6								7
4	7	5	3					
			5	2	8			
					9	5	3	1
5								6
8	4	7				1		
1				3		8	4	

Easy 23

8	7					6		
	9	6						
3	5		6	2	7			
				6		3	5	
		2	7	1	9	8		
	4	9		5				
			9	8	4		3	7
						4	8	
		3					6	5

Easy 24

	3		4	1				5
	2							3
			2		5	8	7	
				6		9		4
3		2				6		8
5		9		4				
	5	1	6		3			
8							9	
4				5	7		1	

Easy 25

7		5					1	8
		2		8	3		9	
8	9		7					
3					1	8		
5								7
		6	3					4
					7		2	1
	2		4	9		5		
9	7					4		6

Easy 26

7						4		
	3					6		
			1		9		3	5
8		3		9	5		4	
1		5		3		7		6
	9		6	2		5		3
2	7		3		4			
		8					2	
		9						4

Easy 27

		9				4		2
3			6	8				
			6	4		3		7
		8	3	9	5	2		
				7				
		2	1	6	4	7		
8		5			7	1		
				1	3			4
2		3				5		

Easy 28

	7				6			8
			9	5		4		3
1	5					6		
		9		4	8			
2	4						5	6
			6	9		2		
		5					4	1
4		1		7	3			
8			4				2	

Easy 29

3					9		7	
	5				2			4
	4	7	5				6	2
4				9			8	
9								6
	3			4				5
1	8				3	7	4	
5			6				2	
	7		9					1

Easy 30

3	1	2		8		5		
5		8		6				9
					4	1		
							5	1
	2		8		3		9	
9	8							
		3	6					
7				1		2		8
		1		4		7	6	5

Easy 31

	2		3	4		9	1	
8						3		4
		5			1		2	6
			1			6		
			2		4			
		6			8			
9	7		5			8		
5		8						2
	6	1		3	9		7	

Easy 32

6	4							
			9		7		4	
			5		1			3
	9	6				3		4
	2	8	7		5	6	1	
1		5				7	2	
9			2		8			
	1		6		9			
							7	1

Easy 33

8		1			3		5	
9	2				6			
					7	8	4	9
7	9							8
				9		2		
3							9	1
4	3	7	6					
			1				8	6
	1		5			4		3

Easy 34

	9					4		2
3			6	8				
		6	4			3		7
		8	3	9	5	2		
				7				
		2	1	6	4	7		
8		5			7	1		
			1	3				4
2		3				5		

Easy 35

						2		9
4	1		2					
5				6	9		1	4
		6		5	3	9		
		3				4		
		1	6	2		5		
3	2		1	8				6
					2		5	3
8		5						

Easy 36

	1	4		7	8	9		
			3		4			
						2		8
5			6	2		8		
	2		8		3		1	
		7		1	9			4
2		9						
			4		6			
		8	7	3		1	5	

Easy 37

8							7	6
		1	2	6				4
	4			5		3	8	
9		6						3
			6		7			
7						5		1
	8	7		9			1	
2				1	4	6		
1	6							8

Easy 38

8							7	6
		1	2	6				4
	4			5		3	8	
9		6						3
			6		7			
7						5		1
	8	7		9			1	
2				1	4	6		
1	6							8

Easy 39

	6			4			8	
		1			7	9		4
		3		2			5	7
	9	2			3			
6				9				8
			2			7	3	
9	2			6		4		
4		6	9			2		
	7			1			9	

Easy 40

		4				5		
	5		1		3	8		9
9			6					1
2	9	3			6			
	4			1			9	
			9			7	2	6
4					1			7
3		7	2		9		4	
	1			5				

Easy 41

		2	1					
					8	5	3	
		5		7		2	9	1
		6				8		5
8			2		6			4
4		3				7		
3	7	4		6		1		
	6	1	8					
					2	4		

Easy 42

							6	
	3	9		4				
5		4	6	1	2			
2				6			9	5
7	5			2			1	6
	6	8		7				3
			8	9	6	7		2
				5		1	3	
	2							

Easy 43

		1				3	5	
5				7		4	8	
			4	1		2		
					6	7		8
2		3				6		9
6		8	4					
	3		1	8				
	4	9		3				5
	2	6				1		

Easy 44

8		1		3		5		
9	2			6				
				7	8	4	9	
7	9							8
		9		2				
3							9	1
4	3	7	6					
			1				8	6
	1		5			4		3

Easy 45

	2		9	3				8
9	5						6	3
				5				
	9	3		6	1		7	4
				2				
7	1		3	9		8	2	
		6						
4	8						9	7
6				7	8		1	

Easy 46

				3	6			5
6	7			4	5			1
		2				4		
		9	3	5	1	6		
		3	8	6	4	7		
		7				2		
9			4	7			1	3
5			6	8				

Easy 47

8				1		7		
9		6	5				1	
2	1		9					
6	4						3	2
		9				6		
5	3						7	8
					3		6	1
	2				9	8		7
		7		2				5

Easy 48

8					5	7	9	
					3	5		8
		1		8		4		
4	3				9		6	
		6		2		9		
	9		8				1	5
		9		7		6		
1		5	9					
	6	7	2					9

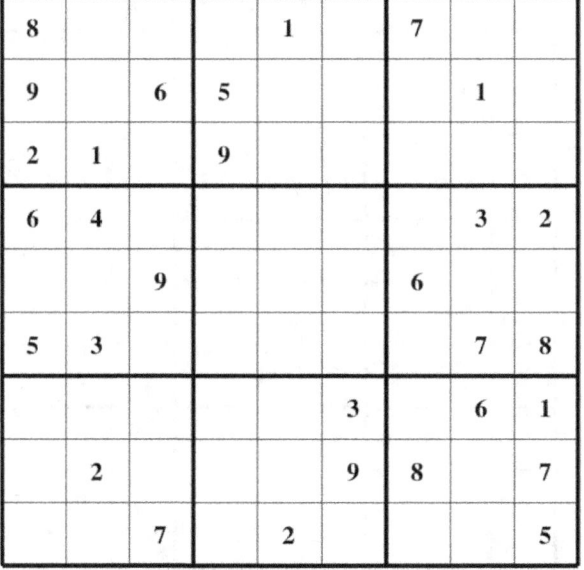

Easy 49

8					5	7	9	
					3	5		8
		1		8		4		
4	3				9		6	
		6		2		9		
	9		8				1	5
		9		7		6		
1		5	9					
	6	7	2					9

Easy 50

	6	9			4	1	5	
7				1		6		
8		5	3			2		
				8	1			
		3				5		
			9	3				
		2			3	4		1
		8		7				3
	3	6	4			7	2	

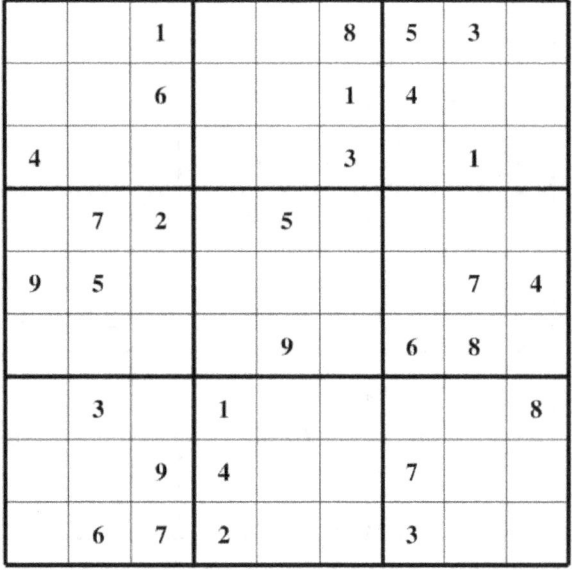

Easy 51

		1			8	5	3	
		6			1	4		
4					3		1	
	7	2		5				
9	5						7	4
				9		6	8	
	3		1					8
		9	4			7		
	6	7	2			3		

Easy 52

	2		9	3				8
9	5						6	3
					5			
	9	3		6	1		7	4
				2				
7	1		3	9		8	2	
			6					
4	8						9	7
6				7	8		1	

Easy 53

	1		6		3			7
6		7		2				
		3			9			1
1	7			9		8	2	
	2	5		8			1	4
3			8			9		
				6		4		3
5			2		7		6	

Easy 54

	6	9			4	1	5	
7				1		6		
8		5	3			2		
				8	1			
		3				5		
			9	3				
		2			3	4		1
		8		7				3
	3	6	4			7	2	

Easy 55

	6	2	3	1			8	7
		8	7					4
					9		6	
8			4	9			5	
				2				
	4			5	6			8
	7		9					
6					1	3		
9	1			3	5	8	7	

Easy 56

9				7			3	4
					8		2	
1				2			5	6
2			5			7		
3	5						4	9
		6			7			5
4	3			9				1
	1		8					
7	2			6				3

Easy 57

							5	
3			8	9			7	6
			2		5	1		8
1	7			4		6		
4				2				7
		3		7			1	5
5		9	7		1			
8	1			6	2			4
		6						

Easy 58

4	5		1		3			
7	1				4	5		9
2				8				
	7					6		
5	2						3	8
		1					7	
			8					3
3		2	7				9	5
			2		6		1	7

Easy 59

7	2		4	1		9		
4		9					3	
				7				
		2		4	8		7	
	6		5		2		1	
	1		7	3		5		
				8				
	9					6		1
		3		2	4		5	9

Easy 60

	9					7		
8		1		2				6
			5	3	8			
9	3			8		1		5
			4	1	9			
6		8		5			2	9
			3	9	4			
1				6		5		4
		3					6	

Easy 61

	8					3	5	
7		5						8
1	4				3			
9	1	4		3				5
			9	5	6			
3				4		7	9	2
			1				8	4
2						5		3
	9	8					1	

Easy 62

	6							
		3	8	6		9		
	2		5	3			6	4
			9	4				5
9			2		7			3
3				1	8			
8	7			9	6		2	
		6		2	4	5		
							9	

Easy 63

				2			9	
5			9	6		1		2
2		9				8		
				8	2		5	4
			7		5			
1	3		4	9				
		7				4		6
3		4		7	9			5
	6			5				

Easy 64

7		4			8		6	
	1		4	6		8		
5								2
		7	3	9			5	
			2	8	4			
	9		5	1	4			
1								9
		8		3	2		1	
	6		1			2		7

Easy 65

2		4	7				1	
5				1		6		
					6		7	
4	1	9	5					
6	8						9	1
					9	5	8	6
	5		6					
		7		5				8
	9				1	2		4

Easy 66

		1		6	8		9	2
				4				1
					3	8		
	6	4			5		1	
8			2	7	4			6
	9		1			5	2	
	3	6						
1					7			
6	5		9	3		1		

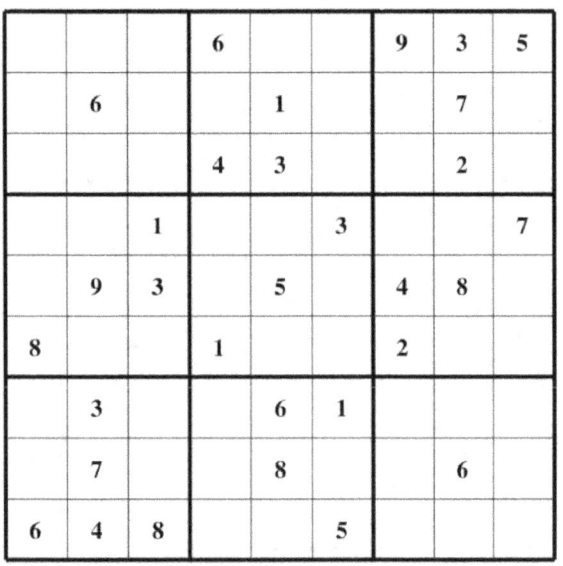

Easy 67

			6			9	3	5
	6			1			7	
			4	3			2	
		1			3			7
	9	3		5		4	8	
8			1			2		
	3			6	1			
	7			8			6	
6	4	8			5			

Easy 68

					2	8	7	
4		8	7	3				2
		5				1		
9	5					7		1
		2				3		
3		1					6	9
		9				2		
1				8	6	5		3
	6	4	2					

Easy 69

					2	8	7	
4		8	7	3				2
		5				1		
9	5					7		1
		2				3		
3		1					6	9
		9				2		
1				8	6	5		3
		6	4	2				

Easy 70

		3	5		9			
	6						2	7
		8			2	4	9	
3				2		7		5
		9				8		
5		2		8				9
	9	1	4			2		
4	3						7	
				6		5	1	

Easy 71

4		3	9	1			8	
5	6	1			7			
			5		2			
		4		2			3	
	3						2	
	5			6		7		
			1		5			
			2			3	6	9
	7			9	4	1		2

Easy 72

		2			4		3	
8	7					4		
1		4	3	2			5	
4					8	2		
			4		3			
		5	6					8
	9			4	1	3		6
		1					9	2
	8		5			1		

22

Easy 73

	7			5	1	9		
5	1					7	4	
		8	6	3				
	3				5			
6		4				1		5
			1			6		
				4	6	5		
	6	7					8	4
		5	3	9		2		

Easy 74

		2			9	3		
			8	5	1			4
	5	8		6			7	
3					6			7
		4				1		
7			9					3
	1			2		8	3	
2			3	9	8			
		9	7			2		

Easy 75

		3		6	9	5		
				8	3			1
	9	2			8			
	8					7		3
	6	1		3		4	8	
3		5				6		
		6				1	9	
4			7	2				
		8	5	9		6		

Easy 76

							8	
5	3		4	8		9		
					6		3	5
2		7	3	4				8
		4		7		6		
8				5	1	4		9
6		5		2				
		2		3	9		1	6
	7							

Easy 77

2				6		4	9	7
7					2			
		6		8		1	2	
4		3	2					
	7						8	
					1	9		4
	3	2		7		8		
			3					9
8	4	7		5				3

Easy 78

	1			9				
			4	2			3	6
8		2	3				1	
9						1	7	
3		1				5		4
	2	5						3
	9				4	2		7
5	6		2	1				
				8			9	

Easy 79

9			8	6			4	3
5			7	1	4			
	6		5				7	8
	4	3						
				8				
					6	1		
7	2			8		3		
			2	4	7			1
1	8		9	3				5

Easy 80

			8					9
1	2			7		8		3
4	6				3	7	5	
9								
		2	4	8	9	3		
								6
	3	5	9				8	1
7		1		2			3	5
8				5				

24

Easy 81

		2						
6		9			5			1
				1		3	7	9
	4		3	6			5	
7			4	2	9			6
	6			7	1		2	
3	1	5		9				
4			2			1		8
					6			

Easy 82

3	7			1		8		
				9	5			
		7			3	5		
	5	4					6	
9		6	1		8	7		5
	1					4	3	
		8	5		1			
		2	7					
		1		6			5	9

Easy 83

		9		6	2		7	
5			3			1	9	
	1	6	5					
3	6							
		8	9		5	4		
							1	7
					3	6	4	
	2	3		8				1
	4		6	7		9		

Easy 84

			1	7		4	3	
			9	4				
7						1	9	8
1		8	4					
	9	5	2			8	3	
			7			4		5
5	4	9						2
			3	6				
2	3		4	5				

25

Easy 85

	5		8			3		
	8	9	7		1			
	7		3			9		4
		6		3				
	3		4	1	2		7	
				5		2		
8		2			3		9	
			1		9	6	2	
		3			4		5	

Easy 86

4				1				
2	5		6				1	
6					5	3		8
			1	4		2		
8	4			7			5	1
		3		6	2			
5		6	8					2
	2				6		4	9
				3				5

Easy 87

5	4				6			
	3		9			7	4	5
	2		3					
2				7	5			
		3	1		9	8		
			2	6				4
					7		1	
9	6	8			1		2	
			6				9	3

Easy 88

		6		8			7	
7			2					4
		5			4		3	
6		1		2				5
		9	7	5	3	1		
3				6		7		8
	2		8			9		
9					7			3
	8			3		4		

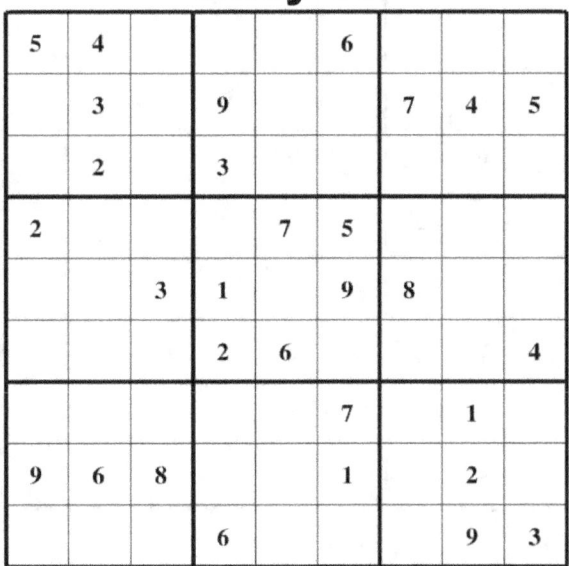

Easy 89

5	4			8			2	7
	7		3		1			
						5	6	1
				3	4			8
6				1				4
7			5	9				
9	1	7						
			1		3		9	
4	2			6			8	5

Easy 90

			7		6	9		
2		7						5
1	6			3	2			
8	1			6				
	5		9	1	7		8	
				2			4	1
			4	7			2	3
7						5		8
		8	6		1			

Easy 91

			2	3			6	
		4	1		5		3	
		7	9			1		8
8			7			3		
	4						5	
		6			1			2
7		3			2	9		
	8		3		6	2		
		1		7	8			

Easy 92

				5		2		
7				1		6		
	3		7	9		4		5
6	9		1					
		4	5		6	1		
				4			8	3
4		3	2	5			7	
	6		1					2
	5		3					

Easy 93

			2	3			6	
		4	1		5		3	
		7	9			1		8
8			7			3		
	4						5	
		6			1			2
7		3			2	9		
	8		3			6	2	
	1			7	8			

Easy 94

	9			2	7	4		
	8	4	5				7	
					8	1		6
		1		8	9			
		5				8		
			4	1		2		
6		3	1					
	7				3	6	1	
		2	6	7			9	

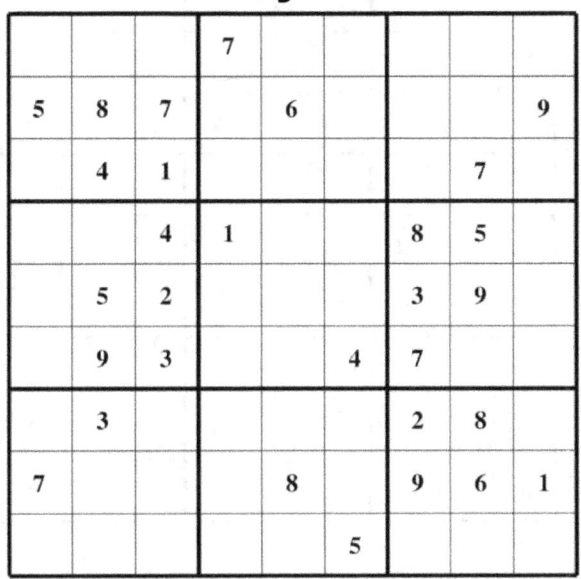

Easy 95

			7					
5	8	7		6				9
	4	1					7	
		4	1			8	5	
	5	2				3	9	
	9	3			4	7		
	3					2	8	
7				8		9	6	1
					5			

Easy 96

			9				4	
1	4				2			3
	5	6				2		1
				3	7		1	6
		4				7		
3	9		8	1				
2		5				1	8	
4				5			2	9
		7			3			

Easy 97

4				5				
5	3		1			2	6	8
6				8			1	
	9		4					
		6	9	3	7	1		
					2		8	
	7			9				2
1	5	8			3		4	7
				4				1

Easy 98

		4		9	2			7
9				3		5		8
		2	5					
		9			5		7	1
		3				4		
7	6		1			2		
					3	9		
1		6		4				3
5			6	1		8		

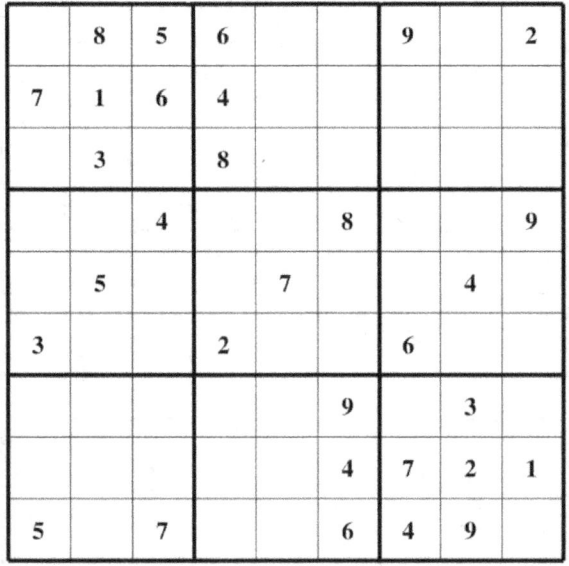

Easy 99

	8	5	6			9		2
7	1	6	4					
	3		8					
		4			8			9
	5			7			4	
3			2			6		
					9		3	
					4	7	2	1
5		7			6	4	9	

Easy 100

	1			8				9
9	4		1					
		3			6	9	7	
1	2				6			5
		4		5		2		
3			7				4	1
		9	4	3			6	
					8		2	7
6				2			5	

medium

30

medium 1

		3		8		2		1
		1	3	5			4	
4			1			5		3
9					3			
	8			4			5	
		6						9
6		4			7			5
	5			6	3	4		
1		9		2		8		

medium 2

				6		1		
	6		8	4	5			9
	5	8			2	4	7	
		4			3		1	
				9				
	6		4			8		
	4	9	2			5	3	
6			9	5	7	2		
		5		8				

medium 3

		7			8			6
3	8		2	4				
2			3					4
	5				4		9	
	3	6		2		1	4	
	4		6				7	
8					2			9
				3	1		5	2
5			9			4		

medium 4

		2		1		3	5	
	3		6					8
	4	9			3			7
	1		2	3	7			
				5				
			8	4	1		9	
5			1			9	8	
2					8		7	
	9	8		7		2		

medium 5

9		2					3	
			1				6	4
6			2	7		1		
4					6	9		
1		7		2		6		5
		6	5					1
		1		4	2			6
2	6				5			
	7					4		8

medium 6

	1	5	3			4		
6				5			9	
			9				3	1
		6	4	7				9
	4						7	
2				9	5	1		
3	6				8			
	5			1				7
		1			6	8	2	

medium 7

		1	5				4	6
	9		6	7		3	1	
4					8	9		
		8			1			
		3		2		1		
			8			6		
		9	7					1
	1	2		6	3		7	
3	4				5	2		

medium 8

3							9	8
		7		5			1	
		9		3	8	7		
		1			3		7	
	5		2		1		8	
	4		5			3		
		4	3	7			6	
	3			2		8		
6	7							4

medium 9

8				7	6			3
			1	5		8		
				3		4	7	
		4					5	
3	1		7		5		8	9
	5					3		
	3	1		6				
		6		1	7			
5			3	8				6

medium 10

1		9	7			6		8
				1	9			2
		5			8	3		
2		7						1
	9						4	
4						8		5
	6	8				1		
5			9	2				
8		2			3	5		6

medium 11

	2	4	7					6
					2		7	
3	8			9				5
		5		8	4	7		
2								1
		6	1	2		5		
1				4			2	7
	3		2					
7					8	3	9	

medium 12

			7	6			9	2
	5				4			3
				9	1	7		4
9							6	1
5								7
3	8							5
1		4	6	5				
8			1				3	
2	9			4	7			

33

medium 13

	3	5					9	1
	1	9		6	3			
7						3		6
		3	7		9			
			8	1	5			
			3		6	1		
8		2						3
			6	5		2	7	
9	6					8	1	

medium 14

		9		1	4			
	2	4	8			9		
	5					4	8	1
		2					9	4
4								3
7	8					6		
9	7	1					6	
		8			2	7	4	
			3	7		5		

medium 15

2		5	6		7			1
	8	9			2	4	7	
	4							3
4					8			2
				2				
9			3					8
6							2	
	1	3	2			6	4	
5			7		6	1		9

medium 16

	7	9	6				1	
		2		8				
4		3						5
	1		4	7				
7	3	4				1	8	2
				3	8		7	
2						4		1
				1		6		
	5				4	8	3	

medium 17

	2		6	3				
	9				4		5	
	8	3		5				2
2			7	9			1	
		1				5		
	5			2	1			4
5				8		2	3	
	6		4				7	
				6	2		8	

medium 18

		3			1	9		8
				8		5		
7			5				3	4
2						8		
8	3		9		2		5	6
		7						1
5	7				6			2
		4		3				
3		6	4			7		

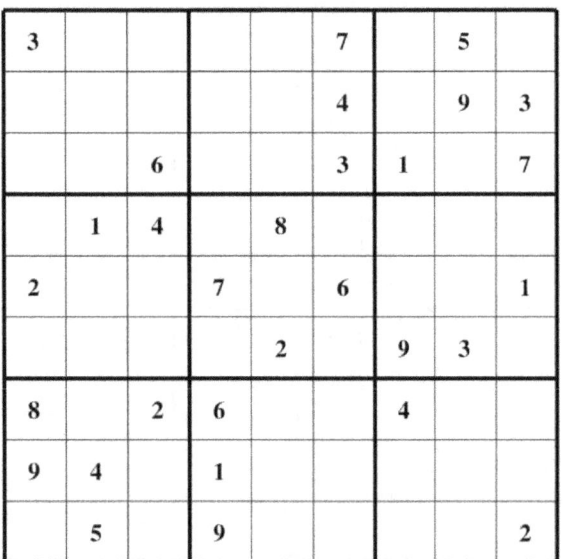

medium 19

3					7		5	
					4		9	3
		6			3	1		7
	1	4		8				
2			7		6			1
				2		9	3	
8		2	6			4		
9	4		1					
		5		9				2

medium 20

	8		9				7	6
				8	7	1		
	9	7	2	6				
	1			9		7		
	5						6	
		8		3			9	
				2	6	9	5	
		2	8	7				
3	6				4		2	

medium 21

				7		9		2
	8	7			9	6		
2							8	1
			3		1	5		
1			2		4			6
		4	7		6			
6	7							5
		2	9			3	1	
9		5		1				

medium 22

		5	7				2	1
					6	4	5	8
	4			8				
	5							2
4	1	2		7	6			5
9					7			
		1				6		
1	9	4	6					
6	8			4	5			

medium 23

				1		3	7	
					2	6		
8	6	3	9		5	4		
5		1					4	
		2		8		1		
	4					2		9
		8	5		1	9	6	4
		9	7					
		1	5		6			

medium 24

					4			
	3	8			7	5	1	
			1		8			3
	2	5	9			6		
	8	7				2	3	
		6			2	1	4	
2			1			3		
	1	3	7			4	8	
				4				

medium 25

	9		4			7	3	
					2	4		
1		4	9			6		
		9	8	5	4			
	6			2			5	
			7	1	6	9		
		8			7	2		3
		3	6					
	5	7			8		6	

medium 26

	8		5				3	
	1	5	6			9		4
				4		6		
	7	1	2				4	
			7		3			
	9				8	2	1	
		6		2				
7		9			6	4	8	
	4				5		6	

medium 27

		1			7	6		5
				4				1
	3			5	1	8		4
1								
8	7		9		4		1	2
								7
5		3	8	7			4	
7					6			
4		6	3			2		

medium 28

		1			7	6		5
				4				1
	3			5	1	8		4
1								
8	7		9		4		1	2
								7
5		3	8	7			4	
7					6			
4		6	3			2		

37

medium 29

2	4			5	9	7		
	3		8				6	2
			3					
	5				3	6	2	
1								3
	8	3	7				9	
				4				
6	7				1		5	
		9	3	6			4	7

medium 30

				5	6			
							3	1
					2	9		5
	6		8	2			9	3
5		4	1		9	2		6
2	8			3	6		5	
3		5	7					
4		6						
				4	1			

medium 31

	7	6	2	5			9	
	2		3			8	4	
					8	6		
2				4				8
		4		1		3		
1				3				4
		9	7					
	6	2			3		8	
	3			2	6	9	7	

medium 32

					6	8		
	4		1			2		
				8		4	9	
4	6		3	8		7		1
9								8
8		7		4	1		6	9
	9	1			8			
			4			7		8
			3	6				

medium 33

	6	8		1		7		
		2	9	7				
							2	8
	9			4		6		5
	4		5		3		9	
8		1		2			7	
3	7							
				9	2	3		
		4		3		5	1	

medium 34

	3	8		4		5		
					2		8	
5		2	3			7		
7				3	4	8		1
4		3	9	1				2
		6			1	2		7
	9		5					
		1		9		4	3	

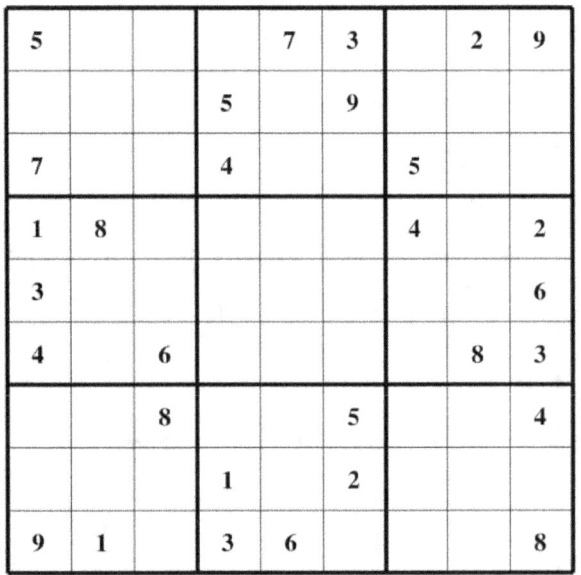

medium 35

5				7	3		2	9
			5		9			
7			4			5		
1	8					4		2
3								6
4		6					8	3
		8			5			4
				1		2		
9	1		3	6				8

medium 36

		6		9		5		8
	1		7	5	8			
		7	3					9
5	6						9	
		9				2		
	2						8	5
6					2	8		
			4	8	9		5	
3		5		1		9		

39

medium 37

4	8				9			
		2	7					3
				3	4	5	2	
9	2						7	
7			1	6	2			9
	3						1	5
	9	4	3	7				
3					1	7		
			9				3	4

medium 38

3	5		2		7			
1	6			8	4			5
						1	8	
9	8	7	4					
						5	8	4	9
	3	6						
2			6	9			1	4
			7		3		6	2

medium 39

								9
	7		3	9			2	4
2		9		5	6			
3			5			8	9	2
8	9	5			4			6
			7	4		5		3
9	6			3	5		1	
7								

medium 40

9				8				5
4	6				3		1	
		3	5	4	9			
		3	9					
6	1						5	7
					2	3		
				2	6	8	7	
	8		3				6	2
5				1				3

40

medium 41

7	9				8			
	2	5		3	7	8		
6		4		2			3	
				2				8
	5						7	
2					3			
	6			7		1		4
		7	1	6		3	8	
			4				6	5

medium 42

9		3				6		
	1		3					2
		5		9	6	7	3	
						8	7	
6		1				2		9
	7	8						
	3	7	8	1		9		
1					9		8	
		2				4		7

medium 43

1		2	8			3		
			4	2		5	9	
	4		1		6		7	
	3			6				
5								9
				1			5	
	5		3		4		1	
	9	4		8	1			
		1			5	6		4

medium 44

		1		8		2		5
	5		2	1				9
2				9				4
			6		5		7	
		8		7		1		
	3		8		1			
9					8			1
8				9	4		6	
5		3		6		9		

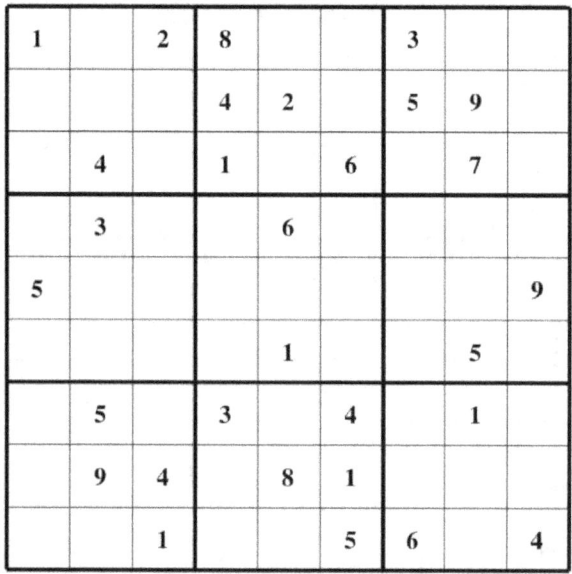

medium 45

	6						7	
		5				3		1
				3	2		5	4
	9	4		8	5	1		
		6		4		9		
		1	7	9		8	4	
3	5		8	1				
8		9				5		
	1						8	

medium 46

3		5	7			9		
		6					5	2
	2	4	6				3	7
		2		8	7			
				5				
			1	4		2		
5	6				3	4	1	
4	1					5		
		3			4	7		6

medium 47

		7					8	6
8		9	4				7	5
	6			9	7			
		3	7				9	
			1		9			
	7				3	5		
			2	1			3	
4	3				5	8		1
1	2				7			

medium 48

	7	3	8		2	4		
		4			6		1	
		8	4			7	2	
7	3				5			
			6				4	7
	6	7		4	5			
	1		2			9		
		9	7		1	6	8	

medium 49

					9			4
	2		3	1	5	8		
6				4				
		3		9	4			7
1		4		5			9	8
5			1	7		3		
				8				3
		8	5	6	2		7	
7			9					

medium 50

				2	6		9	
								7
3	8	4	7				2	
7		1			4	8		
9			5		3			6
		2	6			1		9
	9				2	7	1	3
2								
	7		9	3				

medium 51

		1	6				9	
				9		1	6	5
		7			4	2		3
	7			5		1		
8				7				2
	4		2				7	
1		4	9			3		
2	6	8		3				
	3				2	6		

medium 52

		1	6				9	
				9		1	6	5
		7			4	2		3
	7			5		1		
8				7				2
	4		2				7	
1		4	9			3		
2	6	8		3				
	3				2	6		

Hard

44

hard 1

	3	7			4			
	1		5	7		3		
		8	3				1	4
			6			8		
3	7			5			2	6
		2			3			
7	4				6	1		
		1		8	5		4	
			4			6	5	

hard 2

			3					4
		9				6	5	3
	2			5	4		1	
	9		5	2				7
			1		7			
1				8	6		3	
	8		6	3			4	
2	5	6				3		
9					1			

hard 3

2			6			8	1	
1				3				
		9	7			1		4	6
				2			5	
6	3			1			9	8
	7				3			
9	1		3			5	8	
				5				1
		5	8			6		4

hard 4

	6				2			
2		1	8	6	7	9		3
				4				5
	2					3		
8	3						9	2
		7					8	
6				5				
1		5	6	9	3	2		8
				1			5	

hard 5

	6				2			
2		1	8	6	7	9		3
				4				5
	2				3			
8	3						9	2
		7					8	
6				5				
1		5	6	9	3	2		8
			1				5	

hard 6

		5	6				3	4
			8		3			7
		3	4				1	9
4							5	
		6	1		2	7		
	2							3
1	5					4	7	
7			2		4			
9	4				1	3		

hard 7

			4		6		9	
8	9					3		
	6				7	2		
	1		7				6	9
		4	9		8	7		
9	7			4			3	
		9	8				1	
		3					2	4
	4		2		9			

hard 8

	4	1			5		3	
	3			9	1		8	
			4		6			
9		2				4	7	
		4				5		
	5	7				1		8
			6		4			
	2		7	5			4	
	7		1			2	5	

46

hard 9

	1			8	9	5		6
5					2	3		
6			5					
			2		6	8	5	
	2						9	
	8	5	4		1			
					7			4
		4	9					8
2		1	3	4		6		

hard 10

	5			3		8	9	
							1	
7		8	1				6	5
	7	4		6				1
		3		7		6		
9				8		5	2	
1	8				6	4		3
	4							
	6	7		1			5	

hard 11

	3		4		5			
	1			2	8	7	9	
		5						1
5		1						
3		4	7		5	1		6
					3			4
1					2			
7	4	8	6				1	
		2		7		4		

hard 12

3						4		
	4	6	8			1	7	
6				4	1		3	5
					7		1	
			9	1	4			
	4		2					
8	9		4	7				1
	1	6		5	2		8	
		2						6

hard 13

	2	6			5	7		
	8	3	2			6		
						1		8
	1	9		5	7			
			4		8			
			9	1		4	6	
3		1						
		8			6	5	1	
		7	1			2	4	

hard 14

8	2		4					9
		6			8			
		3			7			6
3				4	9	6		
1	7						4	3
		4	7	3				1
4				2		3		
				8		9		
7					4		5	2

hard 15

		3	5		9		4	
	8		3			5	2	
6					8			
		7		5	3			
9		1				4		8
		8	4		6			
			9					4
	9	5		4		6		
	1		2	7	9			

hard 16

					4			
	6	7		3				
	4		7			9		8
7		8		1			9	4
	2		4		9		8	
4	3			8		1		7
2		4			5		1	
				9		6	4	
		3						

hard 17

	6				9	8	5	
								9
		3	8	4			6	7
7	8	2						3
			4	7	1			
9						6	7	5
6	1			3	8	5		
8								
	3	5	6				8	

hard 18

	2	7	6				9	
		6					5	8
		5		1	8		7	
		3		2	4			
2								4
			3	8		5		
	3		2	6		9		
6	9					3		
	7				3	6	8	

hard 19

		8	6	9				
5	9	4				7	6	
				4		2		9
	5		4			9		
1								6
		6			7		2	
3		5		1				
	1	2				8	9	3
				2	3	5		

hard 20

7				4	5			9
						2		
		8	9		3		4	6
						8	2	
	8	2	6		4	9	1	
	5	7						
8	3		4		1	6		
	4							
2			7	5				4

hard 21

4	6	8	5				1	
		3		1	8			4
			9	4				
		4		9			5	1
1	2			3		7		
				7	9			
5			3	8		9		
	9				5	4	3	7

hard 22

7		2	3				5	
4		5	8	1			6	
					6		2	
	3		4			5		1
9		1			3		8	
	2		6					
	7			2	8	4		6
	1				4	2		5

hard 23

							5	
4		2	1		5		8	6
				8	7	3		2
	8	6						1
	9						3	
7						6	9	
8		9	5	7				
2	1		6		4	8		5
	4							

hard 24

4	6	8	5				1	
		3		1	8			4
			9	4				
		4		9			5	1
1	2			3		7		
				7	9			
5			3	8		9		
	9				5	4	3	7

hard 25

8					3			1
9		4	6					2
			5		1		6	8
3		8			5			
		1				8		
			7			1		5
1	4		2		7			
5					4	6		7
7			8					3

hard 26

6		2			8		3	1
8		9	5					
	3			1		9		
9					5	6		
		6				8		
		1	6					4
		8		5			7	
					2	3		9
2	5		7			1		6

hard 27

		8			7			
5						7		1
9	2		1				3	6
			8	7	2			5
		9				3		
1			9	5	3			
3	7				9		4	8
2		6						9
			7			2		

hard 28

				3			5	2
					6		3	9
		5	1	2		6	7	
	2	4						7
1								5
3						2	9	
	8	3		1	2	4		
5	6			9				
	4	1			6			

hard 29

			6	8	3	9		
6	5		2			3		7
2							6	
						7	2	8
	2						9	
8	9	7						
	6							9
3		5			9		7	1
		4	5	1	6			

hard 30

	5							
	2				6	5	4	3
6		3		2				
4	7			6	3			1
		1		4		3		
2			1	5			7	4
			3		4			7
1	8	6	5				3	
							6	

hard 31

				6		8	3	
	1		7		8	9		6
					5			
	3	9		7				4
	5		4		2		9	
6				8		5	7	
	8							
1		3	8		5		6	
	2	6		1				

hard 32

6	9	2	8	7				5
	8		2					
		7		3		8	2	
4	7				3			
				6			9	8
	4	5		9		2		
					2		5	
9				4	7	3	8	1

hard 33

		9					1	4
5	1			6				
	4		1	3		8		
			9		5		6	
6	8			1			4	7
	9		6		7			
		1		9	3		5	
				7			3	9
9	5					7		

hard 34

						5		
	5	7			3	9	1	4
			4	2		3		
7	6		1					
	4	2					6	5
					2		8	7
		6		9	4			
3	2	1	7				8	4
				4				

hard 35

		5			8			
8			6	2		9		
	2	9	1					8
		6	7		9		3	
3								9
	8		2		5	1		
1					4	6	9	
		8		1	2			7
			3		5			

hard 36

		9		8	3	1		
					2	8	5	6
				1				
7	9			6	8	2	1	
	6	3	2	5			9	7
				2				
6	4	8	3					
		1	8	4		7		

hard 37

		9		3				4
	3							
2		5		4		6		
5		6			9		1	8
	1		2	7	8		4	
8	4		1			3		9
		8		1		4		3
						1		
1			3		2			

hard 38

4	9	5		2	3	6		
	7			4	1		3	
	5					3		6
1		4				8		2
9		3					5	
	1		4	9			8	
		9	3	8		5	7	1

hard 39

		3		4		9		
8			5		1			3
		6			8			
	2	4		1			5	9
	3						2	
9	5			6		3	4	
			9				1	
5			1		6			8
		2		8		5		

hard 40

		8		7		9		
					3	1		
			8		9		7	6
8		7				6		9
		4	2		8	5		
6		1				4		3
1	4		9		2			
			6	4				
		5		1		2		

hard 41

		8		7		9		
						3	1	
			8		9		7	6
8		7				6		9
		4	2		8	5		
6		1				4		3
1	4		9		2			
			6	4				
		5		1		2		

hard 42

4				5			3	1
	6				8		5	
	5			1		7	6	
		6				5		
	3		6	2	5		9	
		5				8		
	8	2		3			7	
	4		8				1	
3	9				4			5

hard 43

				1			7	2
	7		8				6	
5		4			7	8		
	4			8		1		6
	1						2	
8		3		9			4	
		7	3			2		9
	8				4		1	
1	9			2				

hard 44

1							7	6	
				6	8			2
			3	7		4	8	
		7					9	
2	3		8		6		1	7
	6					2		
	4	9		8	7			
7			6	4				
	1	2						4

hard 45

		3				6		8
				6			4	
4	5				8			9
	3		8			2	9	
	8		3		6		7	
	2	4			1		8	
7			2				6	5
	6			8				
9		5			8			

hard 46

9		5	1				6	4
4					6			
6		1	4			9		
5		2	6	4				
				8	7	3		5
		3			4	2		1
			3					8
2	6				5	4		3

hard 47

1			4	3				7
6					7		1	
2				8				
8	4			5	2	1		
3				1				4
		1	4	9			5	8
				7				1
	1		8					9
9					5	7		6

hard 48

4	3		5		6			1
				7			4	
9			4				6	3
		5	8			9		
		4				3		
		6			2	1		
2	8				4			7
	7			8				
5			3		7		8	9

very Hard

57

very hard 1

				1				7
			4		7		6	
					3	5	1	2
	7	8	2				9	1
3				7				4
1	4				8	6	7	
9	6	5	7					
	3		8		5			
8				9				

very hard 2

5				1	3			
3		7	8	2		1	9	5
				9				8
		5				8		
			4		2			
		9				3		
9					5			
7	1	2		4	9	5		6
			2	8				7

very hard 3

2				4	5		1	
					4			3
		4	6		8			5
		3	5	1		2		8
7		2		8	3	1		
4		1			9	3		
8		6						
	3		2	5				1

very hard 4

				9	2			3
5			7				1	8
		2		8				4
	6	4	2					5
1								9
7					1	4	6	
8				2		5		
2	5				6			7
6			3	5				

very hard 5

		5		1				2
		2			8		6	
4				5		7	9	
		9	7					5
2			1		6			9
1					9	2		
	4	3		9				7
	9		4			3		
8				7		9		

very hard 6

	7	8			4		5	
								7
	5		1	8			9	
	8	9				5	7	
3		2				9		1
	1	7				2	4	
	9			5	2		3	
8								
	6		3			7	1	

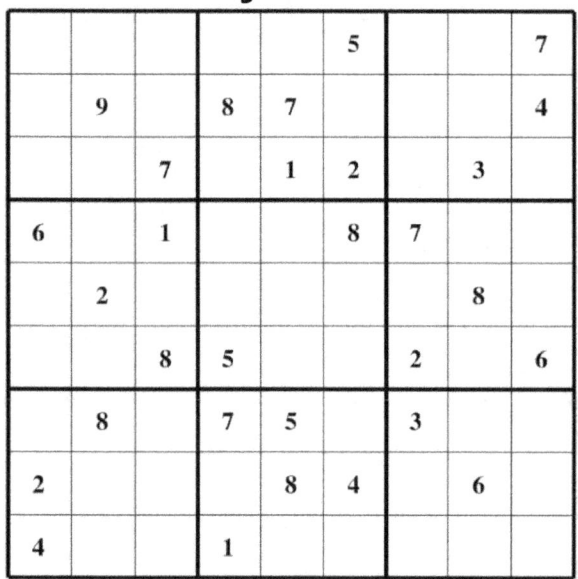

very hard 7

					5			7
	9		8	7				4
		7		1	2		3	
6		1			8	7		
	2						8	
		8	5			2		6
	8		7	5		3		
2				8	4		6	
4			1					

very hard 8

7				8			2	
		6					7	
8				3	7	1		9
	3		8					5
		1	3	7	6	2		
2					5		3	
4		3	2	1				7
	2						9	
	8			5				2

very hard 9

	1			5	4			7
		6	7	2		4		
4			1			2	5	
					2			
	7	1				8	9	
				6				
	6	8			3			9
		9		7	6	5		
7			8	9			4	

very hard 10

						1		6
							8	7
			1		7	3		2
6			4					3
3	4	2	8		5	9	6	1
5					3			8
7		1	6		2			
8	3							
2		5						

very hard 11

	1		3	6		9		
				5		2		
		5	9					4
	7	8	2			4		1
	3						9	
5		4			3	7	6	
7				8	5			
			7		9			
		9		5	6		7	

very hard 12

	9			3				
		4	8		2	7		
7	2			4			6	
2				5	8	3		
		8					7	
		1	9	3				6
	6			8			3	7
		7	3		5	4		
			7				1	

very hard 13

	7	8	5			9		
1	6		7	9				
2					3		6	
		6						
8		4	6		5	1		7
					8			
	8		1					9
				5	9		1	2
		1			4	6	8	

very hard 14

2		8			9		4	
			5			9		
		9		6				1
9	2	3			5			
4	1						8	7
			6			3	9	2
6				5		7		
		4			7			
	7		9			8		4

very hard 15

7		3						
		4	6		3	2	9	
	6				2	7		
			3	9	1			5
		5				8		
2			8	4	5			
		2	5				7	
	7	1	4		9	5		
						9		3

very hard 16

	3	2		6				5
	7			4	5			
9			1		2			6
		4						2
3			6		8			4
5						8		
7			2		6			8
			9	5			4	
2				8		9	6	

very hard 17

	1			9		7		
				8				6
4				6		7	2	9
8		9				4	6	2
7	6	2				1		8
6		5	9		1			3
1					6			
		4		8			7	

very hard 18

		1			7		8	
						4		
					9	2	5	1
	5		1		2	6		3
	6		5		3		4	
2		3	6		4		1	
4	1	5	2					
	7							
	9		7			8		

very hard 19

	5	4	2					
		7				6	1	
				7	8			2
4	7				2	1		3
		9				7		
6		3	7				9	4
7			9	2				
	6	2				3		
					4	2	7	

very hard 20

			1					2
2		7		8			9	1
	3			2		4		
			4				8	5
9			2		3			4
4	5				8			
		6		7			1	
7	9			6		5		3
8					2			

very hard 21

		1			3	8		6
				5			7	
			1		4		3	5
						1	6	
6	2		8		7		4	9
	5	4						
3	7		2		1			
	1				9			
2		5	3			7		

very hard 22

	2		5					1
3			7	1		4	2	
		7						3
	6		2					9
	9	8				3	5	
4					8		6	
8						6		
	3	6		4	7			5
5					1		3	

very hard 23

5	3							
	6	7		3			1	
	1	8	2				7	3
	2	4		7				
		5				3		
				9		7	6	
1	5				9	6	4	
	7			5		8	3	
							9	5

very hard 24

		7		9		6		
5	9						8	7
		1	8					9
7	4	6						
	3		5		7		6	
						7	4	2
9					6	3		
3	1						9	6
		4		8		2		

63

very hard 25

					1		8	
3	4							
		7		8	9		1	
			7		4	6		
	7					1		5
	3						7	
8		4					2	
		2	1		3			
	1		8	7		2		
	5		9				3	1

very hard 26

				1		3		
6			4				7	
		8			3	2		4
9					2		1	
3		1	7		5	9		8
	8		1					3
5		3	8			4		
	6				4			7
	7		5					

very hard 27

		6		7	2			
3				6				
5	2			4			8	6
	9		7					8
1		7				3		9
2					6		7	
9	5			8			6	7
				5				2
			2	9		8		

very hard 28

			4				8	3
		8		6		4		
4	7		8	5	3			
8				7	5			
		6				9		
		1	3					6
		9	3	8			1	7
	7		2		3			
2	9			4				

very hard 29

6	5						8	
					5			1
		1	6		3		9	5
		8		9	1		4	
				5		7		
	3		8	6		5		
4	2		7		8	1		
7			9					
	6						7	3

very hard 30

	6		7	2				
3			6					
5	2		4				8	6
	9		7					8
1		7				3		9
2				6		7		
9	5		8				6	7
			5					2
		2	9		8			

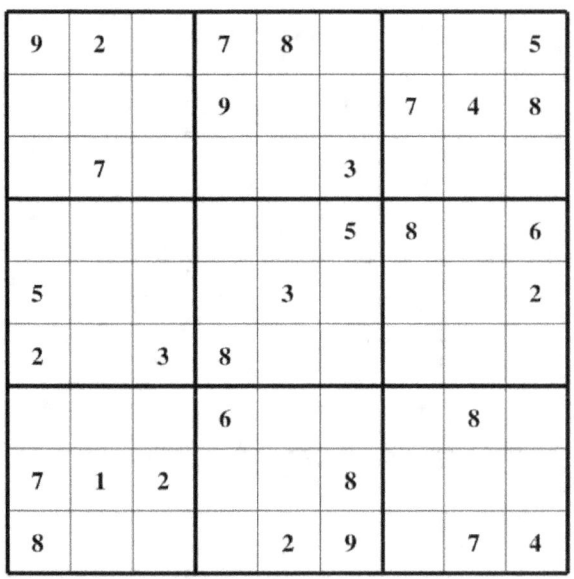

very hard 31

9	2		7	8				5
			9			7	4	8
	7			3				
					5	8		6
5				3				2
2		3	8					
			6			8		
7	1	2			8			
8				2	9		7	4

very hard 32

3	2				9			
	4			2			5	6
		9	4		8			
	6	3						8
	8	1				6	9	
5						7	3	
			1		6	5		
9	5			4			6	
			5				4	3

65

very hard 33

	3			8		6	1	
		2	1	7				
	8				3	9		
	4		8		7	2		
5								8
		8	6		1		9	
		6	3				4	
				9	6	5		
3	2		7				8	

very hard 34

2			7	6				
6		1			3			
4	9			2				
3	2					5	9	
1		5				3		7
	6	9					1	4
			1			5	2	
		9				6		1
			4	2				3

very hard 35

4		8		9				
9	7		1				4	
3	1	5			4			
1	8		2					
		9		4		1		
					8		3	4
			3			4	6	5
	6				7		9	3
				5		7		1

very hard 36

3		4					7	
		8	1				4	
9	7				2	8		3
		6		4	5			
				2		7		
				9	1		3	
2		7	8				3	9
	4				9	7		
	9						6	1

66

very hard 37

8				4	6		3	9
3			5			7		
	6			3	4			
			3				2	8
9								1
6	2				1			
		3	6				9	
		6			9			7
2	9		4	1				5

very hard 38

	5				6			3
		6		2			9	
		7	3		1			2
	1					6		8
		6		5		4		7
7		3						2
3				9		2	7	
	7			4		2		
9				8				1

very hard 39

		5				7		3
	2		3		5	8	6	
	6		8				4	
	4	9			2			6
2			4			1	8	
	1				6		9	
	5	7	9		8		1	
4		8				6		

very hard 40

		3	7		9			
	2			4	3			
		6	2	5				7
1	7			8				9
	3						1	
9				1			5	6
2				3	1	4		
			4	7			6	
				8		6	5	

very hard 41

	1				9		4	
2			9		7	8		
6	7	9		3				
4				9		5		
			2		4			
		1		7				2
			8			3	4	5
	2	4			6			7
1		5				2		

very hard 42

			8					7
		4		3		5		
2			5		6		8	
		5	9		1			3
	1	6				8	4	
7			4		3	1		
	7		3		8			5
		1		7		2		
6				2				

very hard 43

1		3				9		
8	5						4	
		6		8		3		
		7		3	8		2	
		2		5		1		3
		8		7	2		6	
				4		7		1
		4					8	9
			8			4		5

very hard 44

		8				9		
	5			8		6		2
3			9				5	
1	8		3		7		6	
				4	5	8		
	7		6		1		8	5
	1				9			3
5		4		1			7	
		7				1		

68

very hard 45

	8			2	9	7		
5					6			
				8			9	5
9	6			1				8
		5	7				1	2
1				5			7	4
2	1			9				
			7					3
		5	1	3		4		

very hard 46

								8
5		3					6	
9	2		3			4		5
		6	9				5	
8	9		5		2		4	1
	5				7	8		
6		4			5		1	3
	3					5		4
2								

very hard 47

1	7				8		2	
		4	2	9			1	6
9				5				
					5	1	4	
8								2
	4	3	8					
				8				5
2	9			6	3	7		
	5		7				6	1

very hard 48

		8			4	2		
1	2							
	9		1		2			
	1				5	4	8	7
7			4		8			2
8	4	3	7				5	
			6		1		3	
							4	5
		4	8		1			

very hard 49

			4				5	8
	3				7		9	
1						4		
		2	5		4		7	6
		4	6		2	5		
5	6		3		8	9		
		3						5
	5		2				3	
9	2				5			

very hard 50

	5			2				
3	6		5				4	2
2		7	4					6
6	9				4			
		5				9		
			9				7	5
7				5	1			3
5	3				1		6	7
			6			5		

solution

2.medium

Puzzle 1 (Medium, difficulty rating 0.46)

3	4	7	5	2	1	9	8	6
8	1	9	4	3	6	2	7	5
5	6	2	8	9	7	4	1	3
6	5	3	7	4	2	1	9	8
2	8	4	1	5	9	3	6	7
9	7	1	6	8	3	5	4	2
7	9	5	2	1	8	6	3	4
4	3	6	9	7	5	8	2	1
1	2	8	3	6	4	7	5	9

Puzzle 2 (Medium, difficulty rating 0.46)

1	5	7	3	2	6	4	9	8
6	2	9	1	4	8	3	5	7
3	8	4	7	5	9	6	2	1
7	6	1	2	9	4	8	3	5
9	4	8	5	1	3	2	7	6
5	3	2	6	8	7	1	4	9
8	9	5	4	6	2	7	1	3
2	1	3	8	7	5	9	6	4
4	7	6	9	3	1	5	8	2

Puzzle 3 (Medium, difficulty rating 0.56)

6	7	3	8	1	2	4	5	9
9	2	4	5	7	6	8	1	3
1	5	8	4	3	9	7	2	6
7	3	6	1	4	5	2	9	8
4	8	2	3	9	7	1	6	5
5	9	1	6	2	8	3	4	7
2	6	7	9	8	4	5	3	1
8	1	5	2	6	3	9	7	4
3	4	9	7	5	1	6	8	2

Puzzle 4 (Medium, difficulty rating 0.45)

3	8	5	7	2	1	9	6	4
9	7	6	4	3	8	1	5	2
1	2	4	6	9	5	8	3	7
6	5	2	9	8	7	3	4	1
7	4	1	3	5	2	6	9	8
8	3	9	1	4	6	2	7	5
5	6	8	2	7	3	4	1	9
4	1	7	8	6	9	5	2	3
2	9	3	5	1	4	7	8	6

Puzzle 5 (Medium, difficulty rating 0.60)

9	6	3	4	5	1	2	7	8
4	2	5	6	7	8	3	9	1
1	7	8	9	3	2	6	5	4
7	9	4	2	8	5	1	3	6
5	8	6	1	4	3	9	2	7
2	3	1	7	9	6	8	4	5
3	5	2	8	1	4	7	6	9
8	4	9	3	6	7	5	1	2
6	1	7	5	2	9	4	8	3

Puzzle 6 (Medium, difficulty rating 0.52)

6	9	1	4	8	7	2	3	5
3	5	4	2	1	6	7	8	9
2	8	7	9	5	3	6	1	4
1	2	9	6	4	5	8	7	3
4	6	8	3	7	9	1	5	2
7	3	5	8	2	1	4	9	6
9	4	6	7	3	8	5	2	1
8	1	2	5	9	4	3	6	7
5	7	3	1	6	2	9	4	8

Puzzle 7 (Medium, difficulty rating 0.48)

1	7	2	8	5	9	3	4	6
8	6	3	4	2	7	5	9	1
9	4	5	1	3	6	8	7	2
4	3	9	5	6	2	1	8	7
5	1	8	7	4	3	2	6	9
6	2	7	9	1	8	4	5	3
2	5	6	3	7	4	9	1	8
3	9	4	6	8	1	7	2	5
7	8	1	2	9	5	6	3	4

Puzzle 8 (Medium, difficulty rating 0.55)

9	8	3	5	2	7	6	4	1
7	1	6	3	4	8	5	9	2
4	2	5	1	9	6	7	3	8
2	5	9	4	6	1	8	7	3
6	4	1	7	8	3	2	5	9
3	7	8	9	5	2	1	6	4
5	3	7	8	1	4	9	2	6
1	6	4	2	7	9	3	8	5
8	9	2	6	3	5	4	1	7

Puzzle 9 (Medium, difficulty rating 0.49)

7	9	3	5	4	8	6	2	1
1	2	5	6	3	7	8	4	9
6	8	4	9	2	1	5	3	7
3	7	6	2	5	4	9	1	8
4	5	9	8	1	6	2	7	3
2	1	8	7	9	3	4	5	6
8	6	2	3	7	5	1	9	4
5	4	7	1	6	9	3	8	2
9	3	1	4	8	2	7	6	5

Puzzle 10 (Medium, difficulty rating 0.50)

9	7	2	6	8	1	4	3	5
4	6	8	2	5	3	7	1	9
1	3	5	4	9	7	6	2	8
2	4	3	9	7	5	1	8	6
6	1	9	8	3	4	2	5	7
8	5	7	1	6	2	3	9	4
3	9	4	5	2	6	8	7	1
7	8	1	3	4	9	5	6	2
5	2	6	7	1	8	9	4	3

Puzzle 11 (Medium, difficulty rating 0.53)

3	5	8	2	1	7	4	9	6
1	6	9	3	8	4	7	2	5
7	4	2	9	5	6	1	8	3
9	8	7	4	3	2	6	5	1
5	1	4	8	6	9	2	3	7
6	2	3	1	7	5	8	4	9
4	3	6	5	2	1	9	7	8
2	7	5	6	9	8	3	1	4
8	9	1	7	4	3	5	6	2

Puzzle 12 (Medium, difficulty rating 0.52)

4	8	6	1	2	7	3	5	9
5	7	1	3	9	8	6	2	4
2	3	9	4	5	6	7	8	1
3	4	7	5	6	1	8	9	2
6	1	2	9	8	3	4	7	5
8	9	5	2	7	4	1	3	6
1	2	8	7	4	9	5	6	3
9	6	4	8	3	5	2	1	7
7	5	3	6	1	2	9	4	8

Puzzle 13 (Medium, difficulty rating 0.49)

4	8	3	2	5	9	1	6	7
5	6	2	7	1	8	9	4	3
1	7	9	6	3	4	5	2	8
9	2	1	5	8	3	4	7	6
7	4	5	1	6	2	3	8	9
6	3	8	4	9	7	2	1	5
2	9	4	3	7	6	8	5	1
3	5	6	8	4	1	7	9	2
8	1	7	9	2	5	6	3	4

Puzzle 14 (Medium, difficulty rating 0.54)

5	4	1	6	7	3	8	2	9
8	2	3	5	1	9	6	4	7
7	6	9	4	2	8	5	3	1
1	8	7	9	3	6	4	5	2
3	5	2	8	4	7	9	1	6
4	9	6	2	5	1	7	8	3
2	3	8	7	9	5	1	6	4
6	7	4	1	8	2	3	9	5
9	1	5	3	6	4	2	7	8

Puzzle 15 (Medium, difficulty rating 0.51)

4	3	6	2	9	1	5	7	8
9	1	2	7	5	8	4	6	3
8	5	7	3	4	6	1	2	9
5	6	8	1	2	3	7	9	4
7	4	9	8	6	5	2	3	1
1	2	3	9	7	4	6	8	5
6	9	4	5	3	2	8	1	7
2	7	1	4	8	9	3	5	6
3	8	5	6	1	7	9	4	2

Puzzle 16 (Medium, difficulty rating 0.47)

1	3	8	7	4	9	5	2	6
9	6	7	1	5	2	3	8	4
5	4	2	3	6	8	7	1	9
7	2	9	6	3	4	8	5	1
6	1	5	8	2	7	9	4	3
4	8	3	9	1	5	6	7	2
3	5	6	4	8	1	2	9	7
2	9	4	5	7	3	1	6	8
8	7	1	2	9	6	4	3	5

Puzzle 17 (Medium, difficulty rating 0.55)

9	6	8	2	1	5	7	3	4
4	3	2	9	7	8	1	5	6
5	1	7	3	6	4	9	2	8
2	9	3	7	4	1	6	8	5
7	4	6	5	8	3	2	9	1
8	5	1	6	2	9	4	7	3
3	7	9	1	5	6	8	4	2
1	8	5	4	9	2	3	6	7
6	2	4	8	3	7	5	1	9

Puzzle 18 (Medium, difficulty rating 0.48)

8	7	6	2	5	4	1	9	3
9	2	5	3	6	1	8	4	7
3	4	1	9	7	8	6	5	2
2	5	3	6	4	9	7	1	8
6	8	4	5	1	7	3	2	9
1	9	7	8	3	2	5	6	4
4	1	9	7	8	5	2	3	6
7	6	2	1	9	3	4	8	5
5	3	8	4	2	6	9	7	1

Puzzle 19 (Medium, difficulty rating 0.57)

3	2	9	4	7	6	8	1	5
5	4	8	1	9	3	2	7	6
1	7	6	8	5	2	4	9	3
4	6	5	3	8	9	7	2	1
9	1	2	7	6	5	3	4	8
8	3	7	2	4	1	5	6	9
7	9	1	5	2	8	6	3	4
6	5	4	9	3	7	1	8	2
2	8	3	6	1	4	9	5	7

Puzzle 20 (Medium, difficulty rating 0.56)

1	9	3	5	6	4	7	2	8
6	5	2	9	8	7	3	4	1
8	4	7	3	1	2	9	6	5
7	6	1	8	2	5	4	9	3
5	3	4	1	7	9	2	8	6
2	8	9	4	3	6	1	5	7
3	2	5	7	9	8	6	1	4
4	1	6	2	5	3	8	7	9
9	7	8	6	4	1	5	3	2

Puzzle 21 (Medium, difficulty rating 0.59)

2	4	8	6	5	9	7	3	1
5	3	1	8	7	4	9	6	2
7	9	6	1	3	2	5	8	4
9	5	7	4	1	3	6	2	8
1	6	2	5	9	8	4	7	3
4	8	3	7	2	6	1	9	5
3	2	5	9	4	7	8	1	6
6	7	4	2	8	1	3	5	9
8	1	9	3	6	5	2	4	7

Puzzle 22 (Medium, difficulty rating 0.47)

6	8	4	5	9	2	7	3	1
3	1	5	6	8	7	9	2	4
9	2	7	3	4	1	6	5	8
8	7	1	2	5	9	3	4	6
4	6	2	7	1	3	8	9	5
5	9	3	4	6	8	2	1	7
1	3	6	8	2	4	5	7	9
7	5	9	1	3	6	4	8	2
2	4	8	9	7	5	1	6	3

Puzzle 23 (Medium, difficulty rating 0.50)

9	4	1	2	8	7	6	3	5
6	5	8	4	3	9	7	2	1
2	3	7	6	5	1	8	9	4
1	6	4	7	2	3	5	8	9
8	7	5	9	6	4	3	1	2
3	2	9	5	1	8	4	6	7
5	9	3	8	7	2	1	4	6
7	8	2	1	4	6	9	5	3
4	1	6	3	9	5	2	7	8

Puzzle 24 (Medium, difficulty rating 0.51)

8	9	2	4	6	5	7	3	1
5	3	6	1	7	2	4	8	9
1	7	4	9	8	3	6	2	5
7	2	9	8	5	4	3	1	6
4	6	1	3	2	9	8	5	7
3	8	5	7	1	6	9	4	2
6	1	8	5	4	7	2	9	3
2	4	3	6	9	1	5	7	8
9	5	7	2	3	8	1	6	4

Puzzle 25 (Medium, difficulty rating 0.47)

9	5	2	3	1	4	8	6	7
6	3	8	2	9	7	5	1	4
7	4	1	6	5	8	9	2	3
4	2	5	9	3	1	6	7	8
1	8	7	5	4	6	2	3	9
3	9	6	8	7	2	1	4	5
2	7	4	1	8	5	3	9	6
5	1	3	7	6	9	4	8	2
8	6	9	4	2	3	7	5	1

Puzzle 26 (Medium, difficulty rating 0.47)

2	9	4	8	1	6	3	7	5
1	5	7	4	3	2	6	9	8
8	6	3	9	7	5	4	1	2
5	8	1	2	9	3	7	4	6
9	7	2	6	8	4	1	5	3
3	4	6	1	5	7	2	8	9
7	3	8	5	2	1	9	6	4
6	2	9	7	4	8	5	3	1
4	1	5	3	6	9	8	2	7

Puzzle 27 (Medium, difficulty rating 0.51)

3	6	8	5	7	4	9	2	1
7	1	9	3	2	6	4	5	8
5	4	2	9	1	8	3	7	6
8	7	5	4	6	3	1	9	2
4	3	1	2	9	7	6	8	5
9	2	6	8	5	1	7	4	3
2	5	7	1	3	9	8	6	4
1	9	4	6	8	2	5	3	7
6	8	3	7	4	5	2	1	9

Puzzle 28 (Medium, difficulty rating 0.52)

3	1	6	5	7	8	9	4	2
4	8	7	1	2	9	6	5	3
2	5	9	6	4	3	7	8	1
7	6	8	3	9	1	5	2	4
1	9	3	2	5	4	8	7	6
5	2	4	7	8	6	1	3	9
6	7	1	8	3	2	4	9	5
8	4	2	9	6	5	3	1	7
9	3	5	4	1	7	2	6	8

Puzzle 29 (Medium, difficulty rating 0.48)

3	8	9	2	1	7	6	5	4
1	7	5	8	6	4	2	9	3
4	2	6	5	9	3	1	8	7
5	1	4	3	8	9	7	2	6
2	9	3	7	5	6	8	4	1
7	6	8	4	2	1	9	3	5
8	3	2	6	7	5	4	1	9
9	4	7	1	3	2	5	6	8
6	5	1	9	4	8	3	7	2

Puzzle 30 (Medium, difficulty rating 0.50)

1	8	5	9	4	3	2	7	6
2	3	6	5	8	7	1	4	9
4	9	7	2	6	1	5	3	8
6	1	3	4	9	2	7	8	5
9	5	4	7	1	8	3	6	2
7	2	8	6	3	5	4	9	1
8	7	1	3	2	6	9	5	4
5	4	2	8	7	9	6	1	3
3	6	9	1	5	4	8	2	7

Puzzle 31 (Medium, difficulty rating 0.58)

6	5	3	7	4	1	9	2	8
1	4	9	2	8	3	5	6	7
7	8	2	5	6	9	1	3	4
2	9	5	6	1	4	8	7	3
8	3	1	9	7	2	4	5	6
4	6	7	3	5	8	2	9	1
5	7	8	1	9	6	3	4	2
9	2	4	8	3	7	6	1	5
3	1	6	4	2	5	7	8	9

Puzzle 32 (Medium, difficulty rating 0.47)

7	2	5	6	3	8	1	4	9
1	9	6	2	7	4	3	5	8
4	8	3	1	5	9	7	6	2
2	4	8	7	9	5	6	1	3
9	3	1	8	4	6	5	2	7
6	5	7	3	2	1	8	9	4
5	1	4	9	8	7	2	3	6
8	6	2	4	1	3	9	7	5
3	7	9	5	6	2	4	8	1

Puzzle 33 (Medium, difficulty rating 0.45)

5	7	9	6	4	3	2	1	8
1	6	2	5	8	9	7	4	3
4	8	3	7	2	1	9	6	5
8	1	5	4	7	2	3	9	6
7	3	4	9	5	6	1	8	2
9	2	6	1	3	8	5	7	4
2	9	8	3	6	7	4	5	1
3	4	7	8	1	5	6	2	9
6	5	1	2	9	4	8	3	7

Puzzle 34 (Medium, difficulty rating 0.53)

2	3	5	6	4	7	9	8	1
1	8	9	5	3	2	4	7	6
7	4	6	8	9	1	2	5	3
4	5	1	9	7	8	3	6	2
3	6	8	1	2	5	7	9	4
9	7	2	3	6	4	5	1	8
6	9	7	4	1	3	8	2	5
8	1	3	2	5	9	6	4	7
5	2	4	7	8	6	1	3	9

Puzzle 35 (Medium, difficulty rating 0.47)

8	6	9	5	1	4	2	3	7
1	2	4	8	3	7	9	5	6
3	5	7	2	9	6	4	8	1
6	1	2	7	5	3	8	9	4
4	9	5	6	2	8	1	7	3
7	8	3	9	4	1	6	2	5
9	7	1	4	8	5	3	6	2
5	3	8	1	6	2	7	4	9
2	4	6	3	7	9	5	1	8

Puzzle 36 (Medium, difficulty rating 0.50)

8	3	1	6	2	9	7	5	4
4	2	7	3	1	5	8	9	6
6	9	5	7	4	8	2	3	1
2	6	3	8	9	4	5	1	7
1	7	4	2	5	3	9	6	8
5	8	9	1	7	6	3	4	2
9	5	6	4	8	7	1	2	3
3	1	8	5	6	2	4	7	9
7	4	2	9	3	1	6	8	5

Puzzle 37 (Medium, difficulty rating 0.56)

4	1	8	7	6	3	5	9	2
7	5	9	2	8	4	6	1	3
6	2	3	5	9	1	7	8	4
9	4	2	8	7	5	3	6	1
5	6	1	9	3	2	8	4	7
3	8	7	4	1	6	9	2	5
1	3	4	6	5	8	2	7	9
8	7	5	1	2	9	4	3	6
2	9	6	3	4	7	1	5	8

Puzzle 38 (Medium, difficulty rating 0.48)

5	2	4	7	3	1	9	8	6
6	9	1	8	5	2	4	7	3
3	8	7	4	9	6	2	1	5
9	1	5	6	8	4	7	3	2
2	4	3	9	7	5	8	6	1
8	7	6	1	2	3	5	4	9
1	5	8	3	4	9	6	2	7
4	3	9	2	6	7	1	5	8
7	6	2	5	1	8	3	9	4

Puzzle 39 (Medium, difficulty rating 0.56)

6	3	5	2	8	7	4	9	1
4	1	9	5	6	3	7	2	8
7	2	8	1	9	4	3	5	6
1	8	3	7	4	9	5	6	2
2	7	6	8	1	5	9	3	4
5	9	4	3	2	6	1	8	7
8	5	2	9	7	1	6	4	3
3	4	1	6	5	8	2	7	9
9	6	7	4	3	2	8	1	5

Puzzle 40 (Medium, difficulty rating 0.48)

1	4	9	7	3	2	6	5	8
6	8	3	5	1	9	4	7	2
7	2	5	4	6	8	3	1	9
2	5	7	3	8	4	9	6	1
3	9	8	6	5	1	2	4	7
4	6	1	2	9	7	8	3	5
9	3	6	8	7	5	1	2	4
5	1	4	9	2	6	7	8	3
8	7	2	1	4	3	5	9	6

Puzzle 41 (Medium, difficulty rating 0.59)

3	1	2	7	4	6	5	9	8
4	8	7	9	5	2	6	1	3
5	9	6	1	3	8	7	4	2
2	6	1	4	8	3	9	7	5
7	5	3	2	9	1	4	8	6
9	4	8	5	6	7	3	2	1
8	2	4	3	7	5	1	6	9
1	3	9	6	2	4	8	5	7
6	7	5	8	1	9	2	3	4

Puzzle 42 (Medium, difficulty rating 0.55)

7	2	1	5	3	9	8	4	6
8	9	5	6	7	4	3	1	2
4	3	6	2	1	8	9	5	7
2	6	8	3	5	1	7	9	4
9	7	3	4	2	6	1	8	5
1	5	4	8	9	7	6	2	3
6	8	9	7	4	2	5	3	1
5	1	2	9	6	3	4	7	8
3	4	7	1	8	5	2	6	9

Puzzle 43 (Medium, difficulty rating 0.59)

9	1	5	3	2	7	4	8	6
6	3	4	8	5	1	7	9	2
8	2	7	9	6	4	5	3	1
1	8	6	4	7	3	2	5	9
5	4	9	1	8	2	6	7	3
2	7	3	6	9	5	1	4	8
3	6	2	7	4	8	9	1	5
4	5	8	2	1	9	3	6	7
7	9	1	5	3	6	8	2	4

Puzzle 44 (Medium, difficulty rating 0.50)

9	1	2	6	5	4	8	3	7
7	5	8	1	3	9	2	6	4
6	4	3	2	7	8	1	5	9
4	3	5	8	1	6	9	7	2
1	9	7	4	2	3	6	8	5
8	2	6	5	9	7	3	4	1
3	8	1	7	4	2	5	9	6
2	6	4	9	8	5	7	1	3
5	7	9	3	6	1	4	2	8

Puzzle 45 (Medium, difficulty rating 0.46)

6	8	2	7	1	4	3	5	9
7	3	5	6	2	9	1	4	8
1	4	9	5	8	3	6	2	7
9	1	4	2	3	7	8	6	5
8	2	7	9	5	6	4	3	1
3	5	6	8	4	1	7	9	2
5	7	3	1	6	2	9	8	4
2	6	1	4	9	8	5	7	3
4	9	8	3	7	5	2	1	6

Puzzle 46 (Medium, difficulty rating 0.55)

4	9	7	1	5	8	3	2	6
3	8	5	2	4	6	9	1	7
2	6	1	3	7	9	5	8	4
7	5	2	8	1	4	6	9	3
9	3	6	7	2	5	1	4	8
1	4	8	6	9	3	2	7	5
8	1	4	5	6	2	7	3	9
6	7	9	4	3	1	8	5	2
5	2	3	9	8	7	4	6	1

Puzzle 47 (Medium, difficulty rating 0.50)

4	3	2	7	6	9	1	8	5
1	7	6	8	4	5	3	2	9
9	5	8	1	3	2	4	7	6
8	9	4	5	7	3	6	1	2
3	2	1	6	9	8	7	5	4
5	6	7	4	2	1	8	9	3
7	4	9	2	1	6	5	3	8
6	8	3	9	5	7	2	4	1
2	1	5	3	8	4	9	6	7

Puzzle 48 (Medium, difficulty rating 0.58)

5	8	1	6	2	3	7	9	4
4	2	3	7	9	8	1	6	5
6	9	7	1	5	4	2	8	3
9	7	2	3	8	5	4	1	6
8	1	6	4	7	9	5	3	2
3	4	5	2	1	6	8	7	9
1	5	4	9	6	7	3	2	8
2	6	8	5	3	1	9	4	7
7	3	9	8	4	2	6	5	1

Puzzle 49 (Medium, difficulty rating 0.59)

5	6	3	7	8	4	2	9	1
7	9	1	3	5	2	6	4	8
4	2	8	1	9	6	5	7	3
9	1	5	2	7	8	3	6	4
3	8	7	6	4	9	1	5	2
2	4	6	5	3	1	7	8	9
6	3	4	8	1	7	9	2	5
8	5	2	9	6	3	4	1	7
1	7	9	4	2	5	8	3	6

Puzzle 50 (Medium, difficulty rating 0.52)

8	2	5	4	7	6	9	1	3
7	4	3	1	5	9	8	6	2
1	6	9	2	3	8	4	7	5
6	7	4	8	9	3	2	5	1
3	1	2	7	4	5	6	8	9
9	5	8	6	2	1	3	4	7
4	3	1	5	6	2	7	9	8
2	8	6	9	1	7	5	3	4
5	9	7	3	8	4	1	2	6

2.hard

Puzzle 1 (Hard, difficulty rating 0.61)

1	2	8	4	3	9	7	5	6
4	6	9	5	1	7	8	3	2
7	3	5	6	2	8	9	1	4
9	1	7	2	8	3	4	6	5
3	4	6	7	5	1	2	9	8
8	5	2	9	6	4	1	7	3
5	9	1	3	4	2	6	8	7
6	8	4	1	7	5	3	2	9
2	7	3	8	9	6	5	4	1

Puzzle 2 (Hard, difficulty rating 0.61)

1	5	4	3	2	6	8	9	7
6	9	8	5	4	7	3	1	2
2	7	3	9	8	1	4	6	5
8	4	9	6	5	2	1	7	3
3	6	5	7	1	8	9	2	4
7	2	1	4	9	3	6	5	8
4	3	6	2	7	9	5	8	1
5	1	7	8	6	4	2	3	9
9	8	2	1	3	5	7	4	6

Puzzle 3 (Hard, difficulty rating 0.61)

4	3	7	5	2	6	8	9	1
1	6	8	9	7	3	5	4	2
9	5	2	4	1	8	7	6	3
3	2	5	8	4	1	9	7	6
7	1	4	6	9	5	3	2	8
8	9	6	7	3	2	1	5	4
2	8	9	1	5	4	6	3	7
6	7	3	2	8	9	4	1	5
5	4	1	3	6	7	2	8	9

Puzzle 4 (Hard, difficulty rating 0.61)

9	3	5	1	7	2	8	6	4
4	8	7	9	3	6	5	1	2
6	2	1	4	5	8	9	3	7
5	7	2	6	4	3	1	8	9
3	4	8	5	9	1	7	2	6
1	9	6	2	8	7	3	4	5
8	5	3	7	6	4	2	9	1
7	1	4	3	2	9	6	5	8
2	6	9	8	1	5	4	7	3

Puzzle 5 (Hard, difficulty rating 0.63)

2	7	3	1	4	9	6	5	8
8	9	1	5	6	2	7	4	3
4	5	6	7	3	8	1	2	9
6	3	7	8	5	4	2	9	1
1	8	9	3	2	6	5	7	4
5	2	4	9	7	1	3	8	6
7	1	8	2	9	3	4	6	5
3	6	2	4	8	5	9	1	7
9	4	5	6	1	7	8	3	2

Puzzle 6 (Hard, difficulty rating 0.66)

9	3	8	6	1	5	4	7	2
2	7	1	8	4	9	5	6	3
5	6	4	2	3	7	8	9	1
7	4	9	5	8	2	1	3	6
6	1	5	4	7	3	9	2	8
8	2	3	1	9	6	7	4	5
4	5	7	3	6	1	2	8	9
3	8	2	9	5	4	6	1	7
1	9	6	7	2	8	3	5	4

Puzzle 7 (Hard, difficulty rating 0.61)

1	9	8	4	2	5	7	6	3
4	7	3	9	6	8	1	5	2
5	2	6	3	7	1	4	8	9
8	5	7	2	1	4	3	9	6
2	3	4	8	9	6	5	1	7
9	6	1	7	5	3	2	4	8
3	4	9	1	8	7	6	2	5
7	8	5	6	4	2	9	3	1
6	1	2	5	3	9	8	7	4

Puzzle 8 (Hard, difficulty rating 0.65)

4	7	8	5	6	2	9	3	1
1	6	3	7	9	8	2	5	4
2	5	9	4	1	3	7	6	8
7	2	6	9	8	1	5	4	3
8	3	4	6	2	5	1	9	7
9	1	5	3	4	7	8	2	6
5	8	2	1	3	6	4	7	9
6	4	7	8	5	9	3	1	2
3	9	1	2	7	4	6	8	5

Puzzle 9 (Hard, difficulty rating 0.68)

3	6	8	5	7	1	9	4	2
4	7	9	6	2	3	1	5	8
5	1	2	8	4	9	3	7	6
8	5	7	1	3	4	6	2	9
9	3	4	2	6	8	5	1	7
6	2	1	7	9	5	4	8	3
1	4	3	9	8	2	7	6	5
2	9	6	4	5	7	8	3	1
7	8	5	3	1	6	2	9	4

Puzzle 10 (Hard, difficulty rating 0.68)

8	3	1	6	5	9	7	2	4
4	9	5	7	2	3	6	1	8
2	7	6	8	4	1	9	3	5
7	5	2	9	1	8	3	4	6
1	6	4	5	3	7	8	9	2
9	8	3	2	6	4	1	5	7
5	1	7	4	9	6	2	8	3
6	4	9	3	8	2	5	7	1
3	2	8	1	7	5	4	6	9

Puzzle 11 (Hard, difficulty rating 0.66)

1	7	3	6	4	2	9	8	5
8	4	9	5	7	1	2	6	3
2	6	5	3	9	8	1	7	4
7	2	4	8	1	3	6	5	9
6	3	1	4	5	9	8	2	7
9	5	8	2	6	7	3	4	1
4	8	6	9	3	5	7	1	2
5	9	7	1	2	6	4	3	8
3	1	2	7	8	4	5	9	6

Puzzle 12 (Hard, difficulty rating 0.69)

3	1	9	8	2	7	6	4	5
2	5	8	4	3	6	7	9	1
4	6	7	1	5	9	8	3	2
8	2	1	3	4	5	9	7	6
9	4	3	6	7	1	2	5	8
6	7	5	2	9	8	4	1	3
5	8	4	9	6	3	1	2	7
1	3	2	7	8	4	5	6	9
7	9	6	5	1	2	3	8	4

Puzzle 13 (Hard, difficulty rating 0.71)

7	6	1	9	5	3	8	2	4
4	8	3	6	2	1	7	9	5
2	9	5	8	4	7	6	3	1
5	7	6	4	3	9	2	1	8
3	1	9	2	7	8	5	4	6
8	4	2	1	6	5	3	7	9
9	2	8	7	1	6	4	5	3
6	3	7	5	9	4	1	8	2
1	5	4	3	8	2	9	6	7

Puzzle 14 (Hard, difficulty rating 0.68)

4	2	9	3	6	7	5	1	8
1	6	3	4	5	8	7	9	2
7	5	8	2	1	9	3	4	6
5	7	6	1	9	2	8	3	4
9	3	1	8	4	5	6	2	7
2	8	4	7	3	6	1	5	9
6	1	2	9	7	3	4	8	5
8	4	7	5	2	1	9	6	3
3	9	5	6	8	4	2	7	1

Puzzle 15 (Hard, difficulty rating 0.63)

5	7	9	6	8	3	1	4	2
1	3	4	7	9	2	8	5	6
2	8	6	5	1	4	3	7	9
7	9	5	4	6	8	2	1	3
4	1	2	9	3	7	5	6	8
8	6	3	2	5	1	4	9	7
3	5	7	1	2	9	6	8	4
6	4	8	3	7	5	9	2	1
9	2	1	8	4	6	7	3	5

Puzzle 16 (Hard, difficulty rating 0.64)

7	3	5	4	9	8	2	1	6
8	4	1	6	2	7	9	5	3
6	2	9	1	5	3	4	7	8
2	1	6	7	4	9	8	3	5
3	5	4	8	6	1	7	2	9
9	8	7	2	3	5	1	6	4
1	7	3	5	8	4	6	9	2
5	6	8	9	1	2	3	4	7
4	9	2	3	7	6	5	8	1

Puzzle 17 (Hard, difficulty rating 0.61)

9	1	6	7	3	5	8	2	4
8	5	4	9	2	1	3	6	7
3	2	7	6	8	4	5	1	9
2	9	5	3	6	7	1	4	8
4	8	1	5	9	2	6	7	3
7	6	3	1	4	8	2	9	5
1	7	8	2	5	9	4	3	6
6	4	2	8	7	3	9	5	1
5	3	9	4	1	6	7	8	2

Puzzle 18 (Hard, difficulty rating 0.68)

4	3	8	9	1	7	5	2	6
2	5	7	6	8	3	9	1	4
6	1	9	4	2	5	3	7	8
7	6	5	1	4	8	2	9	3
8	4	2	3	7	9	6	5	1
1	9	3	5	6	2	4	8	7
5	7	6	8	9	4	1	3	2
3	2	1	7	5	6	8	4	9
9	8	4	2	3	1	7	6	5

Puzzle 19 (Hard, difficulty rating 0.67)

9	7	5	2	6	4	8	3	1
3	1	4	7	5	8	9	2	6
2	6	8	3	9	1	4	5	7
8	3	9	5	7	6	2	1	4
7	5	1	4	3	2	6	9	8
6	4	2	1	8	9	5	7	3
5	8	7	6	2	3	1	4	9
1	9	3	8	4	5	7	6	2
4	2	6	9	1	7	3	8	5

Puzzle 20 (Hard, difficulty rating 0.61)

6	9	2	8	7	1	4	3	5
3	8	4	2	5	9	6	1	7
5	1	7	4	3	6	8	2	9
4	7	1	9	8	3	5	6	2
8	6	9	7	2	5	1	4	3
2	5	3	6	1	4	7	9	8
1	4	5	3	9	8	2	7	6
7	3	8	1	6	2	9	5	4
9	2	6	5	4	7	3	8	1

Puzzle 21 (Hard, difficulty rating 0.68)

7	5	4	3	8	9	2	1	6
9	2	8	7	1	6	5	4	3
6	1	3	4	2	5	7	9	8
4	7	5	9	6	3	8	2	1
8	6	1	2	4	7	3	5	9
2	3	9	1	5	8	6	7	4
5	9	2	6	3	1	4	8	7
1	8	6	5	7	4	9	3	2
3	4	7	8	9	2	1	6	5

Puzzle 22 (Hard, difficulty rating 0.61)

7	4	1	6	8	3	9	5	2
6	5	8	2	9	4	3	1	7
2	3	9	7	5	1	8	6	4
4	1	6	9	3	5	7	2	8
5	2	3	8	4	7	1	9	6
8	9	7	1	6	2	4	3	5
1	6	2	3	7	8	5	4	9
3	8	5	4	2	9	6	7	1
9	7	4	5	1	6	2	8	3

Puzzle 23 (Hard, difficulty rating 0.63)

6	1	8	2	3	7	9	5	4
5	3	4	6	9	8	7	2	1
9	2	7	1	4	5	8	3	6
4	6	3	8	7	2	1	9	5
7	5	9	4	1	6	3	8	2
1	8	2	9	5	3	4	6	7
3	7	1	5	2	9	6	4	8
2	4	6	3	8	1	5	7	9
8	9	5	7	6	4	2	1	3

Puzzle 24 (Hard, difficulty rating 0.60)

6	1	9	3	8	7	5	2	4
2	7	8	4	6	5	1	3	9
4	3	5	1	2	9	6	7	8
8	2	4	9	5	1	3	6	7
1	9	6	2	7	3	8	4	5
3	5	7	6	4	8	2	9	1
9	8	3	7	1	2	4	5	6
5	6	2	8	9	4	7	1	3
7	4	1	5	3	6	9	8	2

Puzzle 25 (Hard, difficulty rating 0.61)

6	7	2	9	4	8	5	3	1
8	1	9	5	6	3	2	4	7
4	3	5	2	1	7	9	6	8
9	4	7	8	2	5	6	1	3
3	2	6	4	7	1	8	9	5
5	8	1	6	3	9	7	2	4
1	9	8	3	5	6	4	7	2
7	6	4	1	8	2	3	5	9
2	5	3	7	9	4	1	8	6

Puzzle 26 (Hard, difficulty rating 0.60)

8	6	5	9	2	3	7	4	1
9	1	4	6	7	8	3	5	2
2	3	7	5	4	1	9	6	8
3	7	8	4	1	5	2	9	6
6	5	1	3	9	2	8	7	4
4	9	2	7	8	6	1	3	5
1	4	3	2	6	7	5	8	9
5	8	9	1	3	4	6	2	7
7	2	6	8	5	9	4	1	3

Puzzle 27 (Hard, difficulty rating 0.67)

9	3	8	4	2	6	1	5	7
4	7	2	1	3	5	9	8	6
6	5	1	9	8	7	3	4	2
3	8	6	7	4	9	5	2	1
1	9	5	2	6	8	7	3	4
7	2	4	3	5	1	6	9	8
8	6	9	5	7	2	4	1	3
2	1	3	6	9	4	8	7	5
5	4	7	8	1	3	2	6	9

Puzzle 28 (Hard, difficulty rating 0.74)

4	6	8	5	2	7	3	1	9
9	7	3	6	1	8	5	2	4
2	5	1	9	4	3	8	7	6
7	3	4	8	9	2	6	5	1
6	8	9	7	5	1	2	4	3
1	2	5	4	3	6	7	9	8
3	4	6	2	7	9	1	8	5
5	1	7	3	8	4	9	6	2
8	9	2	1	6	5	4	3	7

Puzzle 29 (Hard, difficulty rating 0.62)

7	6	2	3	4	9	1	5	8
4	9	5	8	1	2	3	6	7
1	8	3	7	5	6	9	2	4
2	3	6	4	8	7	5	9	1
8	5	7	2	9	1	6	4	3
9	4	1	5	6	3	7	8	2
3	2	4	6	7	5	8	1	9
5	7	9	1	2	8	4	3	6
6	1	8	9	3	4	2	7	5

Puzzle 30 (Hard, difficulty rating 0.69)

2	7	8	6	9	5	1	3	4
5	9	4	2	3	1	7	6	8
6	3	1	7	4	8	2	5	9
8	5	3	4	6	2	9	1	7
1	2	7	3	5	9	4	8	6
9	4	6	1	8	7	3	2	5
3	8	5	9	1	4	6	7	2
4	1	2	5	7	6	8	9	3
7	6	9	8	2	3	5	4	1

Puzzle 31 (Hard, difficulty rating 0.63)

8	2	7	6	4	5	1	9	3
9	1	6	7	3	2	4	5	8
3	4	5	9	1	8	2	7	6
1	8	3	5	2	4	7	6	9
2	5	9	1	7	6	8	3	4
7	6	4	3	8	9	5	2	1
4	3	8	2	6	7	9	1	5
6	9	2	8	5	1	3	4	7
5	7	1	4	9	3	6	8	2

Puzzle 32 (Hard, difficulty rating 0.71)

7	1	6	2	4	5	3	8	9
4	9	3	8	6	7	2	5	1
5	2	8	9	1	3	7	4	6
6	4	1	5	3	9	8	2	7
3	8	2	6	7	4	9	1	5
9	5	7	1	8	2	4	6	3
8	3	5	4	9	1	6	7	2
1	7	4	3	2	6	5	9	8
2	6	9	7	5	8	1	3	4

Puzzle 33 (Hard, difficulty rating 0.67)

4	6	7	3	1	9	8	5	2
1	2	8	5	6	7	3	4	9
5	9	3	8	4	2	1	6	7
7	8	2	9	5	6	4	1	3
3	5	6	4	7	1	2	9	8
9	4	1	2	8	3	6	7	5
6	1	9	7	3	8	5	2	4
8	7	4	1	2	5	9	3	6
2	3	5	6	9	4	7	8	1

Puzzle 34 (Hard, difficulty rating 0.62)

3	8	2	9	5	1	4	7	6
9	6	7	8	3	4	5	2	1
5	4	1	7	2	6	9	3	8
7	5	8	6	1	3	2	9	4
1	2	6	4	7	9	3	8	5
4	3	9	5	8	2	1	6	7
2	7	4	3	6	5	8	1	9
8	1	5	2	9	7	6	4	3
6	9	3	1	4	8	7	5	2

Puzzle 35 (Hard, difficulty rating 0.73)

1	7	3	5	2	9	8	4	6
4	8	9	3	7	6	5	2	1
6	5	2	1	4	8	7	9	3
2	4	7	6	8	5	3	1	9
9	6	1	7	3	2	4	5	8
5	3	8	4	9	1	6	7	2
7	2	6	9	5	3	1	8	4
3	9	5	8	1	4	2	6	7
8	1	4	2	6	7	9	3	5

Puzzle 36 (Hard, difficulty rating 0.69)

8	2	7	4	6	5	1	3	9
9	4	6	3	1	8	7	2	5
5	1	3	9	2	7	4	8	6
3	5	2	1	4	9	6	7	8
1	7	9	5	8	6	2	4	3
6	8	4	7	3	2	5	9	1
4	9	8	2	5	1	3	6	7
2	6	5	8	7	3	9	1	4
7	3	1	6	9	4	8	5	2

Puzzle 37 (Hard, difficulty rating 0.71)

3	7	1	5	2	9	4	6	8
9	5	4	6	8	3	1	7	2
6	2	8	7	4	1	9	3	5
5	6	9	8	3	7	2	1	4
2	8	7	9	1	4	6	5	3
1	4	3	2	6	5	7	8	9
8	9	5	4	7	6	3	2	1
4	1	6	3	5	2	8	9	7
7	3	2	1	9	8	5	4	6

Puzzle 38 (Hard, difficulty rating 0.61)

1	2	6	8	9	5	7	3	4
7	8	3	2	4	1	6	9	5
9	5	4	7	6	3	1	2	8
4	1	9	6	5	7	3	8	2
6	7	2	4	3	8	9	5	1
8	3	5	9	1	2	4	6	7
3	9	1	5	2	4	8	7	6
2	4	8	3	7	6	5	1	9
5	6	7	1	8	9	2	4	3

Puzzle 39 (Hard, difficulty rating 0.65)

8	3	9	4	7	1	5	6	2
4	1	6	5	3	2	8	7	9
2	7	5	8	6	9	4	3	1
5	2	1	3	4	6	7	9	8
3	8	4	7	9	5	1	2	6
6	9	7	2	1	8	3	5	4
1	6	3	9	5	4	2	8	7
7	4	8	6	2	3	9	1	5
9	5	2	1	8	7	6	4	3

Puzzle 40 (Hard, difficulty rating 0.61)

4	5	1	6	3	7	8	9	2
6	3	2	8	5	9	7	1	4
7	9	8	1	4	2	3	6	5
8	7	4	2	6	5	9	3	1
5	2	3	9	7	1	6	4	8
9	1	6	3	8	4	5	2	7
1	8	9	5	2	6	4	7	3
2	4	5	7	9	3	1	8	6
3	6	7	4	1	8	2	5	9

Puzzle 41 (Hard, difficulty rating 0.62)

3	1	2	7	8	9	5	4	6
5	4	8	1	6	2	3	7	9
6	7	9	5	3	4	1	8	2
4	3	7	2	9	6	8	5	1
1	2	6	8	5	3	4	9	7
9	8	5	4	7	1	6	2	3
8	5	3	6	2	7	9	1	4
7	6	4	9	1	5	2	3	8
2	9	1	3	4	8	7	6	5

Puzzle 42 (Hard, difficulty rating 0.62)

7	3	9	2	5	8	6	1	4
5	1	8	7	6	4	3	9	2
2	4	6	1	3	9	8	7	5
3	2	7	9	4	5	1	6	8
6	8	5	3	1	2	9	4	7
1	9	4	6	8	7	5	2	3
4	7	1	8	9	3	2	5	6
8	6	2	5	7	1	4	3	9
9	5	3	4	2	6	7	8	1

Puzzle 43 (Hard, difficulty rating 0.63)

6	4	1	8	7	5	9	3	2
7	3	5	2	9	1	6	8	4
2	9	8	4	3	6	7	1	5
9	6	2	5	1	8	4	7	3
1	8	4	3	6	7	5	2	9
3	5	7	9	4	2	1	6	8
5	1	3	6	2	4	8	9	7
8	2	6	7	5	9	3	4	1
4	7	9	1	8	3	2	5	6

Puzzle 44 (Hard, difficulty rating 0.64)

2	7	5	6	1	9	8	3	4
6	1	9	8	4	3	5	2	7
8	3	4	7	2	5	6	1	9
4	8	7	3	9	6	2	5	1
3	9	6	1	5	2	7	4	8
5	2	1	4	8	7	9	6	3
1	5	3	9	6	8	4	7	2
7	6	8	2	3	4	1	9	5
9	4	2	5	7	1	3	8	6

Puzzle 45 (Hard, difficulty rating 0.62)

2	4	3	6	9	7	8	1	5
1	6	5	8	3	4	2	7	9
8	9	7	5	2	1	3	4	6
4	8	1	2	6	9	7	5	3
6	3	2	7	1	5	4	9	8
5	7	9	4	8	3	1	6	2
9	1	6	3	4	2	5	8	7
7	2	4	9	5	8	6	3	1
3	5	8	1	7	6	9	2	4

Puzzle 46 (Hard, difficulty rating 0.62)

4	6	9	5	3	2	8	1	7
2	5	1	8	6	7	9	4	3
7	8	3	9	4	1	6	2	5
5	2	4	7	8	9	3	6	1
8	3	6	4	1	5	7	9	2
9	1	7	3	2	6	5	8	4
6	7	8	2	5	4	1	3	9
1	4	5	6	9	3	2	7	8
3	9	2	1	7	8	4	5	6

Puzzle 47 (Hard, difficulty rating 0.66)

5	1	7	3	6	9	8	2	4
8	4	9	7	1	2	6	5	3
6	2	3	8	5	4	7	1	9
4	9	8	5	2	3	1	6	7
3	6	5	1	4	7	2	9	8
1	7	2	9	8	6	4	3	5
7	8	1	6	3	5	9	4	2
2	5	6	4	9	8	3	7	1
9	3	4	2	7	1	5	8	6

Puzzle 48 (Hard, difficulty rating 0.72)

2	3	7	8	1	4	9	6	5
4	1	6	5	7	9	3	8	2
5	9	8	3	6	2	7	1	4
1	5	4	6	2	7	8	3	9
3	7	9	1	5	8	4	2	6
6	8	2	9	4	3	5	7	1
7	4	5	2	3	6	1	9	8
9	6	1	7	8	5	2	4	3
8	2	3	4	9	1	6	5	7

Puzzle 49 (Hard, difficulty rating 0.62)

3	5	2	4	8	6	1	9	7
8	9	7	5	1	2	3	4	6
4	6	1	3	9	7	2	8	5
2	1	8	7	5	3	4	6	9
6	3	4	9	2	8	7	5	1
9	7	5	1	6	4	8	3	2
7	2	9	8	4	5	6	1	3
5	8	3	6	7	1	9	2	4
1	4	6	2	3	9	5	7	8

Puzzle 50 (Hard, difficulty rating 0.73)

1	4	2	5	7	6	3	8	9
6	5	7	8	3	9	4	2	1
3	8	9	1	2	4	6	5	7
5	7	1	9	6	8	2	4	3
9	2	8	3	4	1	7	6	5
4	3	6	7	5	2	1	9	8
8	1	4	6	9	7	5	3	2
7	6	3	2	8	5	9	1	4
2	9	5	4	1	3	8	7	6

3. very hard

Puzzle 1 (Very hard, difficulty rating 0.82)

1	2	4	9	3	6	7	5	8
9	5	7	4	8	2	1	6	3
3	6	8	7	1	5	2	4	9
2	9	3	8	6	1	5	7	4
8	4	6	5	2	7	9	3	1
7	1	5	3	9	4	8	2	6
5	7	1	6	4	9	3	8	2
4	8	2	1	5	3	6	9	7
6	3	9	2	7	8	4	1	5

Puzzle 2 (Very hard, difficulty rating 0.83)

4	5	8	3	6	2	7	1	9
3	6	9	5	1	7	8	4	2
2	1	7	4	8	9	5	3	6
6	9	2	7	5	4	3	8	1
8	7	5	1	3	6	9	2	4
1	4	3	9	2	8	6	7	5
7	8	6	2	4	5	1	9	3
5	3	4	8	9	1	2	6	7
9	2	1	6	7	3	4	5	8

Puzzle 3 (Very hard, difficulty rating 0.82)

3	6	8	5	7	4	2	1	9
1	2	5	9	3	6	8	7	4
4	9	7	1	8	2	5	6	3
2	1	9	3	6	5	4	8	7
7	5	6	4	1	8	3	9	2
8	4	3	7	2	9	6	5	1
5	7	2	6	4	1	9	3	8
6	8	1	2	9	3	7	4	5
9	3	4	8	5	7	1	2	6

Puzzle 4 (Very hard, difficulty rating 0.82)

1	7	6	3	4	8	5	2	9
5	3	4	2	9	7	8	1	6
9	8	2	1	5	6	4	7	3
7	2	9	6	3	5	1	4	8
8	1	5	9	7	4	6	3	2
6	4	3	8	1	2	9	5	7
3	6	7	4	8	1	2	9	5
2	9	1	5	6	3	7	8	4
4	5	8	7	2	9	3	6	1

Puzzle 5 (Very hard, difficulty rating 0.84)

4	6	1	7	5	9	2	3	8
5	7	3	8	2	4	1	6	9
9	2	8	3	1	6	4	7	5
1	4	6	9	3	8	7	5	2
8	9	7	5	6	2	3	4	1
3	5	2	1	4	7	8	9	6
6	8	4	2	7	5	9	1	3
7	3	9	6	8	1	5	2	4
2	1	5	4	9	3	6	8	7

Puzzle 6 (Very hard, difficulty rating 0.86)

4	8	6	5	2	9	7	3	1
5	9	1	3	7	6	4	8	2
7	3	2	4	8	1	6	9	5
9	6	4	2	1	7	3	5	8
3	5	7	9	4	8	1	2	6
1	2	8	6	5	3	9	7	4
2	1	3	8	9	4	5	6	7
8	4	9	7	6	5	2	1	3
6	7	5	1	3	2	8	4	9

Puzzle 7 (Very hard, difficulty rating 0.79)

1	7	3	2	4	6	9	5	8
8	5	2	1	7	9	3	4	6
4	6	9	8	5	3	1	7	2
9	1	7	6	3	8	5	2	4
6	2	4	5	9	1	8	3	7
3	8	5	7	2	4	6	9	1
5	9	6	4	8	7	2	1	3
2	4	1	3	6	5	7	8	9
7	3	8	9	1	2	4	6	5

Puzzle 8 (Very hard, difficulty rating 0.94)

6	2	8	7	3	5	9	1	4
7	5	9	1	8	4	6	3	2
3	4	1	9	6	2	8	5	7
1	8	5	3	2	7	4	6	9
9	6	3	4	5	8	7	2	1
4	7	2	6	9	1	3	8	5
8	1	6	2	7	9	5	4	3
5	9	4	8	1	3	2	7	6
2	3	7	5	4	6	1	9	8

Puzzle 9 (Very hard, difficulty rating 0.83)

5	6	9	8	1	4	3	2	7
1	8	4	2	3	7	5	9	6
2	3	7	5	9	6	4	8	1
4	2	5	9	8	1	7	6	3
3	1	6	7	2	5	8	4	9
7	9	8	4	6	3	1	5	2
9	7	2	3	4	8	6	1	5
8	5	1	6	7	9	2	3	4
6	4	3	1	5	2	9	7	8

Puzzle 10 (Very hard, difficulty rating 0.78)

5	1	8	6	2	7	9	3	4
2	4	3	9	5	1	7	8	6
6	7	9	4	8	3	2	5	1
4	6	2	1	9	8	5	7	3
3	5	7	2	6	4	8	1	9
9	8	1	3	7	5	4	6	2
7	9	6	8	1	2	3	4	5
8	2	4	5	3	6	1	9	7
1	3	5	7	4	9	6	2	8

Puzzle 11 (Very hard, difficulty rating 0.79)

8	5	3	7	6	9	2	4	1
7	2	9	1	4	3	6	8	5
4	1	6	2	5	8	9	3	7
1	7	4	6	8	5	3	2	9
6	3	5	9	2	7	8	1	4
9	8	2	3	1	4	7	5	6
2	6	7	5	3	1	4	9	8
5	9	8	4	7	2	1	6	3
3	4	1	8	9	6	5	7	2

Puzzle 12 (Very hard, difficulty rating 0.79)

9	8	5	1	6	4	7	2	3
7	2	4	3	9	5	8	6	1
1	6	3	8	2	7	9	4	5
8	4	9	7	1	2	5	3	6
5	3	1	6	8	9	2	7	4
2	7	6	4	5	3	1	8	9
3	1	2	5	7	6	4	9	8
6	5	7	9	4	8	3	1	2
4	9	8	2	3	1	6	5	7

Puzzle 13 (Very hard, difficulty rating 0.79)

2	5	9	7	8	6	1	4	3
1	3	6	4	2	5	8	9	7
4	8	7	3	9	1	5	6	2
5	1	4	2	7	9	6	3	8
8	6	2	5	3	4	9	7	1
7	9	3	6	1	8	4	2	5
3	4	1	9	5	2	7	8	6
6	7	8	1	4	3	2	5	9
9	2	5	8	6	7	3	1	4

Puzzle 14 (Very hard, difficulty rating 0.85)

8	5	2	7	4	6	1	3	9
3	1	4	5	9	2	7	8	6
7	6	9	1	8	3	4	5	2
4	7	1	3	6	5	9	2	8
9	3	5	8	2	4	6	7	1
6	2	8	9	7	1	5	4	3
1	8	3	6	5	7	2	9	4
5	4	6	2	3	9	8	1	7
2	9	7	4	1	8	3	6	5

Puzzle 15 (Very hard, difficulty rating 0.77)

4	2	8	7	9	5	3	1	6
9	7	6	1	3	2	5	4	8
3	1	5	8	6	4	9	7	2
1	8	4	2	7	3	6	5	9
2	3	9	5	4	6	1	8	7
6	5	7	9	1	8	2	3	4
7	9	2	3	8	1	4	6	5
5	6	1	4	2	7	8	9	3
8	4	3	6	5	9	7	2	1

Puzzle 16 (Very hard, difficulty rating 0.76)

3	1	4	5	9	8	2	7	6
6	2	8	1	7	3	9	4	5
9	7	5	4	6	2	8	1	3
7	8	6	3	4	5	1	9	2
1	3	9	2	8	7	5	6	4
4	5	2	9	1	6	3	8	7
2	6	7	8	5	1	4	3	9
5	4	1	6	3	9	7	2	8
8	9	3	7	2	4	6	5	1

Puzzle 17 (Very hard, difficulty rating 0.83)

7	3	5	9	2	8	4	6	1
6	9	2	1	7	4	8	3	5
4	8	1	5	6	3	9	7	2
1	4	9	8	3	7	2	5	6
5	6	3	2	4	9	7	1	8
2	7	8	6	5	1	3	9	4
9	5	6	3	8	2	1	4	7
8	1	7	4	9	6	5	2	3
3	2	4	7	1	5	6	8	9

Puzzle 18 (Very hard, difficulty rating 0.83)

9	2	4	7	8	1	3	6	5
3	5	1	9	6	2	7	4	8
6	7	8	4	5	3	9	2	1
1	4	9	2	7	5	8	3	6
5	8	7	1	3	6	4	9	2
2	6	3	8	9	4	5	1	7
4	9	5	6	1	7	2	8	3
7	1	2	3	4	8	6	5	9
8	3	6	5	2	9	1	7	4

Puzzle 19 (Very hard, difficulty rating 0.77)

3	2	5	6	1	9	4	8	7
1	4	8	7	2	3	9	5	6
6	7	9	4	5	8	3	1	2
4	6	3	9	7	5	1	2	8
7	8	1	2	3	4	6	9	5
5	9	2	8	6	1	7	3	4
2	3	4	1	8	6	5	7	9
9	5	7	3	4	2	8	6	1
8	1	6	5	9	7	2	4	3

Puzzle 20 (Very hard, difficulty rating 0.83)

6	5	2	1	7	9	3	8	4
3	9	7	4	8	5	6	2	1
8	4	1	6	2	3	7	9	5
5	7	8	3	9	1	2	4	6
2	1	6	5	4	7	9	3	8
9	3	4	8	6	2	5	1	7
4	2	5	7	3	8	1	6	9
7	8	3	9	1	6	4	5	2
1	6	9	2	5	4	8	7	3

Puzzle 21 (Very hard, difficulty rating 0.78)

8	4	6	1	7	2	5	9	3
3	7	9	5	6	8	2	1	4
5	2	1	3	4	9	7	8	6
4	9	3	7	1	5	6	2	8
1	6	7	8	2	4	3	5	9
2	8	5	9	3	6	4	7	1
9	5	2	4	8	3	1	6	7
7	3	8	6	5	1	9	4	2
6	1	4	2	9	7	8	3	5

Puzzle 22 (Very hard, difficulty rating 0.89)

5	6	2	4	1	9	7	8	3
3	1	8	7	6	2	4	9	5
4	7	9	8	5	3	1	6	2
8	3	4	6	9	7	5	2	1
7	5	6	2	8	1	9	3	4
9	2	1	3	4	5	8	7	6
6	4	5	9	3	8	2	1	7
1	8	7	5	2	6	3	4	9
2	9	3	1	7	4	6	5	8

Puzzle 23 (Very hard, difficulty rating 0.93)

2	5	4	6	1	7	3	8	9
6	3	9	4	2	8	5	7	1
1	7	8	5	9	3	2	6	4
9	4	6	3	8	2	7	1	5
3	2	1	7	6	5	9	4	8
7	8	5	1	4	9	6	2	3
5	1	3	8	7	6	4	9	2
8	6	2	9	3	4	1	5	7
4	9	7	2	5	1	8	3	6

Puzzle 24 (Very hard, difficulty rating 0.91)

3	4	6	2	5	1	9	8	7
5	2	7	6	8	9	4	1	3
9	8	1	7	3	4	6	5	2
2	7	9	3	6	8	1	4	5
1	3	5	4	9	2	8	7	6
8	6	4	5	1	7	3	2	9
7	9	2	1	4	3	5	6	8
6	1	3	8	7	5	2	9	4
4	5	8	9	2	6	7	3	1

Puzzle 37 (Very hard, difficulty rating 0.83)

1	9	8	6	7	3	2	5	4
6	5	4	8	1	2	7	9	3
7	2	3	5	4	9	1	6	8
2	7	6	1	5	8	3	4	9
3	8	9	4	2	6	5	7	1
5	4	1	9	3	7	8	2	6
4	6	5	2	8	1	9	3	7
9	1	7	3	6	5	4	8	2
8	3	2	7	9	4	6	1	5

Puzzle 38 (Very hard, difficulty rating 0.75)

2	1	7	3	6	4	9	5	8
9	4	6	5	8	2	3	1	7
3	8	5	9	7	1	6	2	4
6	7	8	2	9	5	4	3	1
1	3	2	6	4	7	8	9	5
5	9	4	8	1	3	7	6	2
7	6	3	1	2	8	5	4	9
4	5	1	7	3	9	2	8	6
8	2	9	4	5	6	1	7	3

Puzzle 39 (Very hard, difficulty rating 0.79)

9	7	8	2	3	4	1	5	6
1	2	3	5	9	6	4	8	7
4	5	6	1	8	7	3	9	2
6	8	9	4	2	1	5	7	3
3	4	2	8	7	5	9	6	1
5	1	7	9	6	3	2	4	8
7	9	1	6	5	2	8	3	4
8	3	4	7	1	9	6	2	5
2	6	5	3	4	8	7	1	9

Puzzle 40 (Very hard, difficulty rating 0.76)

8	1	2	3	5	4	9	6	7
9	5	6	7	2	8	4	1	3
4	3	7	1	6	9	2	5	8
5	8	3	9	1	2	6	7	4
6	7	1	4	3	5	8	9	2
2	9	4	6	8	7	1	3	5
1	6	8	5	4	3	7	2	9
3	4	9	2	7	6	5	8	1
7	2	5	8	9	1	3	4	6

Puzzle 41 (Very hard, difficulty rating 0.76)

7	9	5	1	8	4	3	2	6
3	1	6	5	9	2	8	7	4
8	4	2	6	3	7	1	5	9
6	3	4	8	2	1	7	9	5
9	5	1	3	7	6	2	4	8
2	7	8	9	4	5	6	3	1
4	6	3	2	1	9	5	8	7
5	2	7	4	6	8	9	1	3
1	8	9	7	5	3	4	6	2

Puzzle 42 (Very hard, difficulty rating 0.82)

3	1	4	9	6	5	8	2	7
5	9	2	8	7	3	6	1	4
8	6	7	4	1	2	5	3	9
6	4	1	2	9	8	7	5	3
9	2	5	6	3	7	4	8	1
7	3	8	5	4	1	2	9	6
1	8	6	7	5	9	3	4	2
2	7	9	3	8	4	1	6	5
4	5	3	1	2	6	9	7	8

Puzzle 43 (Very hard, difficulty rating 0.87)

9	7	8	2	3	4	1	5	6
1	2	3	5	9	6	4	8	7
4	5	6	1	8	7	3	9	2
6	8	9	4	2	1	5	7	3
3	4	2	8	7	5	9	6	1
5	1	7	9	6	3	2	4	8
7	9	1	6	5	2	8	3	4
8	3	4	7	1	9	6	2	5
2	6	5	3	4	8	7	1	9

Puzzle 44 (Very hard, difficulty rating 0.80)

9	3	5	6	1	7	4	8	2
7	1	2	9	4	8	5	6	3
4	6	8	2	5	3	7	9	1
3	8	9	7	2	4	6	1	5
2	5	4	1	3	6	8	7	9
1	7	6	5	8	9	2	3	4
6	4	3	8	9	2	1	5	7
5	9	7	4	6	1	3	2	8
8	2	1	3	7	5	9	4	6

Puzzle 45 (Very hard, difficulty rating 0.87)

2	6	8	3	4	5	9	1	7
5	1	9	8	7	2	4	6	3
3	7	4	6	9	1	8	2	5
6	4	3	5	1	7	2	9	8
1	8	5	9	2	6	7	3	4
7	9	2	4	8	3	1	5	6
4	5	1	7	6	9	3	8	2
8	2	6	1	3	4	5	7	9
9	3	7	2	5	8	6	4	1

Puzzle 46 (Very hard, difficulty rating 0.79)

4	7	8	1	9	2	6	5	3
5	9	6	7	4	3	2	1	8
3	1	2	6	8	5	9	7	4
9	6	4	2	7	8	1	3	5
1	2	3	5	6	4	7	8	9
7	8	5	9	3	1	4	6	2
8	3	1	4	2	7	5	9	6
2	5	9	8	1	6	3	4	7
6	4	7	3	5	9	8	2	1

Puzzle 47 (Very hard, difficulty rating 0.76)

5	9	8	6	1	3	4	7	2
3	6	7	8	2	4	1	9	5
2	4	1	9	5	7	6	3	8
4	7	5	1	3	6	8	2	9
8	3	6	4	9	2	7	5	1
1	2	9	5	7	8	3	6	4
9	8	4	7	6	5	2	1	3
7	1	2	3	4	9	5	8	6
6	5	3	2	8	1	9	4	7

Puzzle 48 (Very hard, difficulty rating 0.76)

2	8	6	5	1	9	4	3	7
5	1	3	4	2	7	9	6	8
4	9	7	6	8	3	5	1	2
6	7	8	2	5	4	3	9	1
3	5	9	1	7	6	8	2	4
1	4	2	9	3	8	6	7	5
9	6	5	7	4	2	1	8	3
7	3	1	8	6	5	2	4	9
8	2	4	3	9	1	7	5	6

Puzzle 25 (Very hard, difficulty rating 0.81)

5	3	9	1	8	7	4	2	6
2	6	7	9	3	4	5	1	8
4	1	8	2	6	5	9	7	3
6	2	4	3	7	8	1	5	9
7	9	5	6	4	1	3	8	2
3	8	1	5	9	2	7	6	4
1	5	3	8	2	9	6	4	7
9	7	2	4	5	6	8	3	1
8	4	6	7	1	3	2	9	5

Puzzle 26 (Very hard, difficulty rating 0.90)

2	8	7	1	9	5	6	3	4
5	9	3	2	6	4	1	8	7
4	6	1	8	7	3	5	2	9
7	4	6	9	2	1	8	5	3
8	3	2	5	4	7	9	6	1
1	5	9	6	3	8	7	4	2
9	2	5	4	1	6	3	7	8
3	1	8	7	5	2	4	9	6
6	7	4	3	8	9	2	1	5

Puzzle 27 (Very hard, difficulty rating 0.91)

6	2	4	5	8	3	9	7	1
3	8	5	7	1	9	4	2	6
9	1	7	4	2	6	5	8	3
7	6	1	2	3	5	8	4	9
2	9	8	1	6	4	3	5	7
4	5	3	9	7	8	1	6	2
8	7	9	3	5	2	6	1	4
1	3	6	8	4	7	2	9	5
5	4	2	6	9	1	7	3	8

Puzzle 28 (Very hard, difficulty rating 0.76)

5	4	1	9	7	3	8	2	6
9	3	2	5	6	8	4	7	1
8	6	7	1	2	4	9	3	5
7	8	9	4	3	5	1	6	2
6	2	3	8	1	7	5	4	9
1	5	4	6	9	2	3	8	7
3	7	8	2	5	1	6	9	4
4	1	6	7	8	9	2	5	3
2	9	5	3	4	6	7	1	8

Puzzle 29 (Very hard, difficulty rating 0.80)

8	5	4	2	6	1	9	3	7
2	3	7	5	4	9	6	1	8
9	1	6	3	7	8	4	5	2
4	7	5	8	9	2	1	6	3
1	8	9	4	3	6	7	2	5
6	2	3	7	1	5	8	9	4
7	4	1	9	2	3	5	8	6
5	6	2	1	8	7	3	4	9
3	9	8	6	5	4	2	7	1

Puzzle 30 (Very hard, difficulty rating 0.94)

5	8	9	1	4	6	3	7	2
2	4	7	3	8	5	6	9	1
6	3	1	7	2	9	4	5	8
1	6	3	4	9	7	2	8	5
9	7	8	2	5	3	1	6	4
4	5	2	6	1	8	9	3	7
3	2	6	5	7	4	8	1	9
7	9	4	8	6	1	5	2	3
8	1	5	9	3	2	7	4	6

Puzzle 31 (Very hard, difficulty rating 0.86)

9	2	1	4	5	7	3	8	6
5	3	6	8	2	1	4	7	9
7	4	8	3	6	9	2	5	1
8	5	4	1	7	2	6	9	3
1	6	9	5	8	3	7	4	2
2	7	3	6	9	4	5	1	8
4	1	5	2	3	8	9	6	7
3	8	7	9	4	6	1	2	5
6	9	2	7	1	5	8	3	4

Puzzle 32 (Very hard, difficulty rating 0.76)

2	1	6	3	9	5	7	8	4
5	9	7	8	2	4	3	1	6
4	8	3	6	1	7	2	5	9
8	5	9	1	7	3	4	6	2
3	4	1	2	6	8	5	9	7
7	6	2	4	5	9	1	3	8
6	7	5	9	4	1	8	2	3
1	2	8	7	3	6	9	4	5
9	3	4	5	8	2	6	7	1

Puzzle 33 (Very hard, difficulty rating 0.78)

7	2	3	9	8	4	1	5	6
1	5	4	6	7	3	2	9	8
8	6	9	1	5	2	7	3	4
4	8	7	3	9	1	6	2	5
3	1	5	7	2	6	8	4	9
2	9	6	8	4	5	3	1	7
9	3	2	5	6	8	4	7	1
6	7	1	4	3	9	5	8	2
5	4	8	2	1	7	9	6	3

Puzzle 34 (Very hard, difficulty rating 0.83)

4	3	2	7	6	9	1	8	5
1	7	6	8	4	5	3	2	9
9	5	8	1	3	2	4	7	6
8	9	4	5	7	3	6	1	2
3	2	1	6	9	8	7	5	4
5	6	7	4	2	1	8	9	3
7	4	9	2	1	6	5	3	8
6	8	3	9	5	7	2	4	1
2	1	5	3	8	4	9	6	7

Puzzle 35 (Very hard, difficulty rating 0.78)

2	3	8	1	7	9	6	4	5
1	6	7	5	2	4	9	3	8
5	4	9	8	6	3	2	7	1
9	2	3	7	8	5	4	1	6
4	1	6	3	9	2	5	8	7
7	8	5	6	4	1	3	9	2
6	9	1	4	5	8	7	2	3
8	5	4	2	3	7	1	6	9
3	7	2	9	1	6	8	5	4

Puzzle 36 (Very hard, difficulty rating 0.83)

4	7	8	5	6	2	9	3	1
1	6	3	7	9	8	2	5	4
2	5	9	4	1	3	7	6	8
7	2	6	9	8	1	5	4	3
8	3	4	6	2	5	1	9	7
9	1	5	3	4	7	8	2	6
5	8	2	1	3	6	4	7	9
6	4	7	8	5	9	3	1	2
3	9	1	2	7	4	6	8	5

Puzzle 49 (Very hard, difficulty rating 0.90)

2	7	9	4	6	1	3	5	8
4	3	6	8	5	7	2	9	1
1	8	5	9	2	3	4	6	7
3	1	2	5	9	4	8	7	6
8	9	4	6	7	2	5	1	3
5	6	7	3	1	8	9	4	2
6	4	3	1	8	9	7	2	5
7	5	8	2	4	6	1	3	9
9	2	1	7	3	5	6	8	4

Puzzle 50 (Very hard, difficulty rating 0.96)

2	3	8	7	6	9	1	4	5
6	5	1	4	8	3	7	2	9
4	9	7	1	2	5	8	3	6
3	2	4	6	7	1	5	9	8
1	8	5	2	9	4	3	6	7
7	6	9	3	5	8	2	1	4
9	7	3	8	1	6	4	5	2
5	4	2	9	3	7	6	8	1
8	1	6	5	4	2	9	7	3